U0748634

试行

新型储能项目定额

（锂离子电池储能电站分册）

第二册 安装工程

中国电力企业联合会　发布

中国电力出版社
CHINA ELECTRIC POWER PRESS

图书在版编目（CIP）数据

新型储能项目定额．锂离子电池储能电站分册：试行．第二册．安装工程/中国电
力企业联合会发布．—北京：中国电力出版社，2024.4
ISBN 978 - 7 - 5198 - 8695 - 0

Ⅰ.①新… Ⅱ.①中… Ⅲ.①锂离子电池-储能-电站-预算定额-中国②锂离子
电池-储能-电站-工程造价-中国 Ⅳ.①TM619

中国国家版本馆 CIP 数据核字（2024）第 047315 号

出版发行：中国电力出版社
地　　址：北京市东城区北京站西街 19 号（邮政编码 100005）
网　　址：http://www.cepp.sgcc.com.cn
责任编辑：刘子婷（010-63412785）
责任校对：黄 蓓 李 楠
装帧设计：赵丽媛
责任印制：石 雷

印　　刷：三河市百盛印装有限公司
版　　次：2024 年 4 月第一版
印　　次：2024 年 4 月北京第一次印刷
开　　本：850 毫米×1188 毫米 32 开本
印　　张：12.375
字　　数：327 千字
定　　价：88.00 元

版 权 专 有 侵 权 必 究

本书如有印装质量问题，我社营销中心负责退换

中电联关于发布《新型储能项目定额及费用计算规定（锂离子电池储能电站分册）》（试行）的通知

中电联定额〔2023〕366号

各有关单位：

为规范锂离子电池储能电站工程建设投资构成和计算方法，构建新型储能项目计价依据体系，营造公平有序的建设市场环境，服务新型电力系统建设，根据国家相关规定，我会组织编制了《新型储能项目建设预算编制与计算规定（锂离子电池储能电站分册）》《新型储能项目定额（锂离子电池储能电站分册）——建筑工程、安装工程、调试工程》（以上统称为《新型储能项目定额及费用计算规定（锂离子电池储能电站分册）》）。

现予以发布，自2024年4月1日起开始试行，试行中的问题和建议，请反馈我会电力工程造价与定额管理总站。

中国电力企业联合会（印）

2023 年 12 月 25 日

前　言

　　《新型储能项目定额及费用计算规定（锂离子电池储能电站分册）（试行）》是遵照国家法律、法规、规章、标准及相关规定，根据国家对新型电力系统建设的总体要求和发展目标，结合新型储能项目的技术发展情况，针对锂离子电池储能电站建设与管理特点而制定。

　　《新型储能项目定额（锂离子电池储能电站分册）（试行）——建筑工程、安装工程、调试工程》（以下简称本定额）是《新型储能项目定额及费用计算规定（锂离子电池储能电站分册）（试行）》的主要组成内容。本定额吸纳了电力行业现行定额的基本结构和框架，充分考虑当前锂离子电池储能电站工程施工组织管理和资源投入情况，积极跟进新设备、新材料、新工艺的应用状况，对定额专业划分、子目设置、工作内容、计量规则、价格水平等进行了统一和规范。

　　本定额在编制过程中，按照国家关于定额编制的程序和要求，经过广泛征求各方意见和建议，对各项内容进行了认真调研和反复推敲、测算，保证了定额的适用性、时效性和公正性。

　　本定额由中国电力企业联合会发布试行，由电力工程造价与定额管理总站负责编制和解释。

编制领导小组	杨　昆	安洪光	潘跃龙	张天光	叶　春	张　健	刘宝宏
	刘仕海	宋立军	高长征				
编 制 人 员	孟　森	宋红莉	顾　爽	陈付雷	任鹏亮	李海龙	刘福炎
	彭花娜	张星星	黄义晧	施玉彬	马卫坚	苗　梅	曹　妍
	施晓敏	甘　斌	钱玉媛	张照嵩	夏雅利	李建青	俞　敏
	丁祝利	徐　亮	范晓云	杨剑勇	万正东	徐家斌	周　钰
	张新红	叶　丹	邹潇骏	许　聪	赵欢欢		
审 查 专 家	汪　毅	欧阳海瑛	于　佩	叶宝玉	赵奎运	赖启结	付　奎
	柯　晔	赵伟然	吕平洋	姜　华	董开松	史沁鹏	钱　序
	刘晓瑞	林　佳	邓正文	吴冠军	叶　军		

总　说　明

一、《新型储能项目定额（锂离子电池储能电站分册）（试行）》共三册，包括：

第一册　建筑工程

第二册　安装工程

第三册　调试工程

二、本册为《第二册　安装工程》（简称本定额），适用于锂离子电池储能电站的储能设备、电气设备、通信设备安装工程。

三、本定额是编审工程建设预算的依据，是编审工程最高投标限价、招标标底、投标报价、工程结算和调解处理工程建设经济纠纷的参考依据。

四、本定额主要编制依据有：

1. GB 51048—2014《电化学储能电站设计规范》。

2. GB/T 34120—2017《电化学储能系统储能变流器技术规范》。

3. GB/T 34131—2023《电力储能用电池管理系统》。

4. GB/T 34133—2017《储能变流器检测技术规程》。

5. GB/T 36276—2018《电力储能用锂离子电池》。

6. GB/T 36545—2018《移动式电化学储能系统技术要求》。

7. GB/T 36558—2018《电力系统电化学储能系统通用技术条件》。

8. GB/T 40594—2021《电力系统网源协调技术导则》。

9. GB/T 42726—2023《电化学储能电站监控系统技术规范》。

10. NB/T 42089—2016《电化学储能电站功率变换系统技术规范》。

11. NB/T 42091—2016《电化学储能电站用锂离子电池技术规范》。

12. DL/T 2247.4—2021《电化学储能电站调度运行管理 第4部分：调度端与储能电站监控系统检测》。

13. DB11/T 1893—2021《电力储能系统建设运行规范》。

14. DL/T 2528—2022《电力储能基本术语》。

15. DL/T 5860—2023《电化学储能电站可行性研究报告内容深度规定》。

16. DL/T 5861—2023《电化学储能电站初步设计内容深度规定》。

17. DL/T 5862—2023《电化学储能电站施工图设计内容深度规定》。

18. GB 50147—2010《电气装置安装工程 高压电器施工及验收规范》。

19. GB 50148—2010《电气装置安装工程 电力变压器、油浸电抗器、互感器施工及验收规范》。

20. GB 50149—2010《电气装置安装工程 母线装置施工及验收规范》。

21. GB 50168—2018《电气装置安装工程 电缆线路施工及验收标准》。

22. GB 50169—2016《电气装置安装工程 接地装置施工及验收规范》。

23. GB 50171—2012《电气装置安装工程 盘、柜及二次回路接线施工及验收规范》。

24. GB 50172—2012《电气装置安装工程 蓄电池施工及验收规范》。

25. GB 50254—2014《电气装置安装工程 低压电器施工及验收规范》。

26. GB 50256—2014《电气装置安装工程 起重机电气装置施工及验收规范》。

27. GB 50257—2014《电气装置安装工程 爆炸和火灾危险环境电气装置施工及验收规范》。

28. GB/T 14285—2006《继电保护和安全自动装置技术规程》。

29. GB/T 50976—2014《继电保护及二次回路安装及验收规范》。

30. DL/T 1664—2016《电能计量装置现场检验规程》。

31. DL/T 448—2016《电能计量装置技术管理规程》。

32. DL/T 459—2017《电力用直流电源设备》。

33. DL/T 724—2021《电力系统用蓄电池直流电源装置运行与维护技术规程》。

34. DL 5009.3—2013《电力建设安全工作规程 第3部分：变电站》。

35. DL/T 5161.16—2018《电气装置安装工程质量检验及评定规程 第16部分：1kV及以下配线工程施工质量检验》。

36. DL/T 5161.17—2018《电气装置安装工程质量检验及评定规程 第17部分：电气照明装置施工质量检验》。

37. DL/T 5344—2018《电力光纤通信工程验收规范》。

38. DL/T 5599—2021《电力系统通信设计导则》。

39.《新型储能项目建设预算编制与计算规定（锂离子电池储能电站分册）（试行）》。

40.《电力建设工程工期定额（2022年版）》。

41. 现行有关电化学储能电站工程设计、施工、质量、安全、环保等规程与规范。

42. 锂离子电池储能电站工程设计图纸及施工组织方案等。

43. 参考了锂离子电池储能电站工程相关规程与规范的征求意见稿或报批稿。

五、本定额是在设备、装置性材料等施工主体完整无损，符合质量标准和设计要求，并附有制造厂出厂检验合格证和试验记录的前提下，在正常的气候、地理条件和施工环境条件下，按照合理的施工组织设计，选择常用的施工方法与施工工艺，考虑合理交叉作业条件下进行编制的。本定额子目中人工、计价材料、施工机具台班的消耗量反映了社会平均生产力水平，已综合考虑正常气候条件下的冬雨季施工消耗、相关规程要求的夜间施工消耗。除本定额规定可以调整或换算外，不因具体工程实际施工组织、施工方法、劳动力组织与水平、材料消耗种类与数量、施工机具规格与配置等不同而调整或换算。

六、本定额包括的工作内容，除各章另有说明外，均包括施工准备、设备开箱检查、场内运搬、脚手架搭拆、基础检查、设备及装置性材料安装、设备标识牌安装、施工结尾、清理、整理、编制竣工资料、配合分系统试运、质量检验及竣工验收等。场内运搬是指设备、装置性材料及器材从施工组织设计规定的现场仓库或堆放地点运至施工操作地点的水平及垂直运搬。

七、定额工作内容中包括单体调试的，单体调试是指设备在未安装时或安装工作结束，按照电力建设施工及验收技术规范的要求，为确认其是否符合产品出厂标准和满足实际使用条件而进行的单机试运或单体试验。

八、定额基价计算依据

1. 关于人工

（1）人工用量包括施工基本用工和辅助用工（包括机械台班定额所含人工以外的机械操作用工），分为普通工和安装技术工。

（2）工日为 8 小时工作制，普通工单价为 107 元/工日，安装技术工单价为 163 元/工日。

2. 关于材料

（1）计价材料用量包括合理的施工用量和施工损耗、场内运搬损耗、施工现场堆放损耗。其中，周转性材料按摊销量计列；零星材料合并为其他材料费。

（2）本定额中计价材料单价按照电力行业 2023 年材料预算价格综合取定，为除税后单价。

（3）未计价材料损耗率见表 0-1。

表 0-1   未计价材料损耗率

序号	材料名称	损耗率（%）
1	裸软导线（铜线、铝线、钢线、钢芯铝绞线）	1.3
2	绝缘导线	1.8
3	电力电缆	1.0
4	光缆、控制电缆、通信电缆	1.5
5	硬母线（铜、铝、钢母线）	2.3
6	金属板材（钢板、镀锌薄钢板）	4.0
7	金属管材、管件	3.0
8	型钢	5.0
9	金具	1.5

续表

序号	材料名称	损耗率（%）
10	绝缘子	2.0
11	一般灯具及附件	2.0
12	塑料制品（槽、板、管）	5.0
13	石棉水泥制品	5.0
14	砂、石	8.0
15	油类	1.8
16	电缆终端	2.0
17	桥架、槽盒、复合支架	0.5
18	防火材料	3.0

注　裸软导线、绝缘导线、电缆、硬母线的基本长度包括连接电气设备、器具而预留的长度，以及各种弯曲（包括弧度）而增加的长度，以基本长度为基数计算损耗量。

3. 关于施工机具

（1）施工机具包括施工机械、工具用具和仪器仪表等，施工工具用具使用费用包含在定额的其他机具费中。

（2）机具台班用量包括场内运搬、合理施工用量、必要间歇时间消耗量及机械幅度差等。

（3）本定额中施工机具台班单价按电力行业 2023 年施工机具台班库价格取定，为除税后单价。

九、66kV 没有相应定额子目的可按 110kV 相应定额子目乘以系数 0.88。

十、同一子目出现两种及以上调整系数，除具体规定外一律按累加计算。

十一、本定额中"××以内"或"××以下"者，均已包括"××"本身；"××以外"或"××以上"者，均不包括"××"本身。

十二、总说明内未尽事宜，按各章说明执行。

目 录

第4章 母线、绝缘子

第 5 章　控制、继电保护屏

第 6 章　站内电缆敷设

第 7 章　站内电缆终端

第 8 章 站内电缆附属及试验

第 9 章 接地及户外照明

第 10 章 通 信 工 程

第1章 储能系统设备

说　　明

一、本章内容

本章内容包括储能电池预制舱安装、储能电池柜安装、变流器预制舱安装、变流器柜安装、变流器及变压器一体舱安装、一体化储能柜安装、汇流柜安装。

二、未包括的工作内容

1. 设备单体调试。

2. 铁构件制作、安装，发生时执行本册第5章相应定额子目。

3. 二次喷漆，发生时执行本册第5章相应定额子目。

三、工程量计算规则

1. 储能电池预制舱、变流器预制舱、变流器及变压器一体舱安装以"套"为计量单位。

2. 储能电池柜、变流器柜、一体化储能柜、汇流柜安装以"面"为计量单位。

四、其他说明

1. 储能电池预制舱按照工厂化预制、一体化吊装安装考虑，含电池簇（含主控箱）、储能电池管理系统（BMS）、监控配电柜、汇流柜（选配）等设备及热管理、暖通设施、舱内消防、安防等辅助设施。储能电池系统的绝缘、漏液、温度等的监测以及参数设置等单体调试按设备厂家负责考虑。

2. 变流器预制舱安装按集中式考虑，分散式（不含汇流柜）设备安装执行集中式定额子目，单独安装的汇流柜执行汇流柜定额子目。

3. 若发生变流器（PCS）单体调试，执行变流器柜相应定额子目乘以系数0.2。变流器（PCS）的单体调试包括绝缘电阻测试、并网开关检查、冷却系统检查、软件版本检查、保护功能测试等内容。

4. 变流器及变压器一体舱按集中式考虑，按照工厂化预制、一体化吊装安装考虑，含变流器、变压器、开关柜（环网柜）、监控配电柜等设备及暖通设施、舱内消防、安防等辅助设施。分散式（不含汇流柜）设备安装执行集中式定额子目，单独安装的汇流柜执行汇流柜定额子目。若发生变流器及变压器一体舱内一次设备的单体调试，执行相应定额子目乘以系数0.4。

5. 一体化储能柜按照工厂化预制、一体化吊装安装考虑，含电池模组、主控配电箱、储能电池管理系统（BMS）、变流器（PCS）、能量管理系统（EMS）等设备及热管理、暖通设施、柜内消防等辅助设施。

1.1 储能电池预制舱安装

工作内容：设备就位，本体安装，接地，补漆。

定 额 编 号		CLD 1-1	CLD 1-2	CLD 1-3	CLD 1-4
项 目		尺寸			
		(10尺及以下)	(20尺)	(40尺)	(45尺及以上)
单 位		套	套	套	套
基 价 (元)		**4400.98**	**6858.24**	**8820.20**	**12918.59**
其中	人 工 费 (元)	662.63	758.73	843.51	907.96
	材 料 费 (元)	1810.06	2060.84	2345.13	2485.44
	机 具 费 (元)	1928.29	4038.67	5631.56	9525.19
名 称	单位	数 量			
人工	普通工	工日	2.1544	2.4765	2.7495	2.9250
	安装技术工	工日	2.5771	2.9445	3.2760	3.5490
计价材料	钢吊车梁（成品）	t	0.1956	0.2200	0.2527	0.2652
	电焊条 J507 综合	kg	36.0360	44.4600	49.6080	55.5984
	普通调和漆	kg	2.2511	2.8392	3.2760	3.4788
	环氧沥青漆	kg	10.9264	11.7000	12.5112	13.0104
	枕木 160×220×2500	根	0.1956	0.2200	0.2527	0.2652
	其他材料费	元	35.4900	40.4100	45.9800	48.7300

续表

定 额 编 号			CLD 1-1	CLD 1-2	CLD 1-3	CLD 1-4
项 目			尺寸			
			(10尺及以下)	(20尺)	(40尺)	(45尺及以上)
机具	汽车式起重机 起重量 50t	台班	0.3245			
	汽车式起重机 起重量 75t	台班		0.7445		
	汽车式起重机 起重量 100t	台班			0.7804	
	汽车式起重机 起重量 150t	台班				0.8432
	载重汽车 15t	台班	0.4808			
	载重汽车 25t	台班		0.5382		
	载重汽车 50t	台班			0.5866	0.6279
	交流弧焊机 容量 21kVA	台班	7.8690	8.6561	9.2230	10.1397
	其他机具费	元	56.1600	117.6300	164.0300	277.4300

注 未计价材料：接地材料。

1.2 储能电池柜安装

工作内容：设备就位，本体安装，冷却、消防分支管安装，接地，补漆。

定 额 编 号			CLD 1-5	CLD 1-6	CLD 1-7	CLD 1-8	CLD 1-9
项 目			户外储能电池柜，容量（kWh以内）	户内储能电池柜，容量（kWh以内）	户外储能电池柜，容量（kWh以内）	户内储能电池柜，容量（kWh以内）	户外储能电池柜，容量（kWh以内）
			100 风冷	250 风冷		400 风冷	
单 位			面	面	面	面	面
基 价（元）			**995.64**	**1188.27**	**1110.69**	**1342.09**	**1252.75**
其中	人 工 费（元）		714.35	829.85	746.69	888.60	781.67
	材 料 费（元）		155.94	175.90	177.20	208.59	211.29
	机 具 费（元）		125.35	182.52	186.80	244.90	259.79
名 称		单位			数 量		
人工	普通工	工日	2.3514	2.9610	2.5015	3.2331	2.6820
	安装技术工	工日	2.7593	3.0548	2.8556	3.2301	2.9478
计价材料	钢垫板 综合	kg	26.4396	30.0000	30.0450	35.2150	35.6210
	电焊条 J507 综合	kg	0.1398	0.1500	0.1589	0.2254	0.1750
	镀锌六角螺栓 综合	kg	0.2691	0.3000	0.3058	0.4152	0.4201
	尼龙扎带 $L=120mm$	根	0.1808	0.2000	0.2054	0.3512	0.3815
	防锈漆	kg	0.0602	0.0600	0.0684	0.0800	0.0910

续表

定 额 编 号			CLD 1-5	CLD 1-6	CLD 1-7	CLD 1-8	CLD 1-9
项 目			户外储能电池柜，容量（kWh 以内）	户内储能电池柜，容量（kWh 以内）	户外储能电池柜，容量（kWh 以内）	户内储能电池柜，容量（kWh 以内）	户外储能电池柜，容量（kWh 以内）
			100 风冷	250 风冷		400 风冷	
计价材料	喷漆	kg	0.2253	0.2000	0.2560	0.3120	0.3523
	其他材料费	元	3.0600	3.4500	3.4700	4.0900	4.1400
机具	汽车式起重机 起重量 25t	台班	0.0443	0.0575	0.0660	0.0736	0.0853
	叉式起重机 起重量 5t	台班		0.0328		0.0358	
	载重汽车 25t	台班	0.0591	0.0768	0.0881	0.0982	0.1140
	交流弧焊机 容量 21kVA	台班	0.0152	0.0216	0.0227	0.2461	0.2922
	液压千斤顶 起重量 100t	台班	0.0608	0.0863	0.0907	0.0960	0.1060
	其他机具费	元	3.6500	5.3200	5.4400	7.1300	7.5700

注 未计价材料：接地材料。

工作内容： 设备就位，本体安装，冷却、消防分支管安装，接地，补漆。

定 额 编 号			CLD 1–10	CLD 1–11	CLD 1–12	CLD 1–13
项 目			户内储能电池柜，容量（kWh以内）	户外储能电池柜，容量（kWh以内）	户内储能电池柜，容量（kWh以内）	户外储能电池柜，容量（kWh以内）
			250 液冷		400 液冷	
单 位			面	面	面	面
基 价（元）			**1234.24**	**1144.33**	**1373.25**	**1262.66**
其中	人 工 费（元）		860.95	768.27	909.04	787.43
	材 料 费（元）		184.70	184.29	214.85	213.40
	机 具 费（元）		188.59	191.77	249.36	261.83
名 称		单位	数 量			
人工	普通工	工日	3.1090	2.6015	3.3301	2.7089
	安装技术工	工日	3.1450	2.9199	3.2895	2.9648
计价材料	钢垫板 综合	kg	31.5000	31.2468	36.2715	35.9772
	电焊条 J507 综合	kg	0.1575	0.1653	0.2322	0.1768
	镀锌六角螺栓 综合	kg	0.3150	0.3180	0.4277	0.4243
	尼龙扎带 L=120mm	根	0.2100	0.2136	0.3617	0.3853
	防锈漆	kg	0.0630	0.0711	0.0824	0.0919
	喷漆	kg	0.2100	0.2662	0.3214	0.3558
	其他材料费	元	3.6200	3.6100	4.2100	4.1800
机具	汽车式起重机 起重量 25t	台班	0.0604	0.0687	0.0758	0.0871
	叉式起重机 起重量 5t	台班	0.0331		0.0366	

续表

定 额 编 号			CLD 1-10	CLD 1-11	CLD 1-12	CLD 1-13
项 目			户内储能电池柜，容量（kWh 以内）	户外储能电池柜，容量（kWh 以内）	户内储能电池柜，容量（kWh 以内）	户外储能电池柜，容量（kWh 以内）
			250 液冷		400 液冷	
机具	载重汽车 25t	台班	0.0785	0.0892	0.0986	0.1132
	交流弧焊机 容量 21kVA	台班	0.0227	0.0236	0.2535	0.2981
	液压千斤顶 起重量 100t	台班	0.0906	0.0944	0.0989	0.1081
	其他机具费	元	5.4900	5.5900	7.2600	7.6300

注 未计价材料：接地材料。

1.3 变流器预制舱安装

工作内容:设备就位,本体安装,接地,补漆。

定 额 编 号		CLD 1-14	CLD 1-15	CLD 1-16	CLD 1-17
项 目		容量(MW 以内)			
		2.5	3.15	5	6.3
单 位		套	套	套	套
基 价(元)		**2462.90**	**2728.85**	**3394.36**	**3824.61**
其中	人 工 费(元)	1863.44	2056.07	2433.98	2576.10
	材 料 费(元)	395.94	436.00	466.17	480.79
	机 具 费(元)	203.52	236.78	494.21	767.72
名 称	单位	数 量			
人工 普通工	工日	7.9056	8.6656	10.2646	10.8414
安装技术工	工日	6.0345	6.6959	7.9225	8.3999
计价材料 钢垫板 综合	kg	15.8647	16.5895	17.0265	18.0356
电焊条 J507 综合	kg	0.8156	0.9452	1.1275	1.1895
防锈漆	kg	0.2012	0.2121	0.2568	0.2640
喷漆	kg	0.8652	0.9547	1.0365	1.1264
枕木 160×220×2500	根	2.0400	2.2800	2.4562	2.5067
其他材料费	元	7.7600	8.5500	9.1400	9.4300

续表

定 额 编 号			CLD 1-14	CLD 1-15	CLD 1-16	CLD 1-17
项 目			容量（MW 以内）			
			2.5	3.15	5	6.3
机具	汽车式起重机 起重量 25t	台班	0.0948	0.1099		
	汽车式起重机 起重量 50t	台班			0.1295	
	汽车式起重机 起重量 75t	台班				0.1592
	载重汽车 8t	台班	0.0961	0.1132	0.1305	
	载重汽车 12t	台班				0.1594
	交流弧焊机 容量 21kVA	台班	0.2797	0.3217	0.4867	0.5566
	其他机具费	元	5.9300	6.9000	14.3900	22.3600

注 未计价材料：接地材料。

1.4 变流器柜安装

工作内容：设备就位，本体安装，接地，补漆。

定 额 编 号		CLD 1-18	CLD 1-19	CLD 1-20	CLD 1-21
项 目		容量（MW 以内）			
		0.63	1.25	1.5	2
单 位		面	面	面	面
基 价（元）		**1488.93**	**1739.86**	**1863.83**	**1988.46**
其中	人 工 费（元）	1300.86	1382.69	1475.50	1537.76
	材 料 费（元）	131.38	255.67	277.34	327.91
	机 具 费（元）	56.69	101.50	110.99	122.79
名 称	单位	数 量			
人工	普通工	工日	5.3906	6.0824	6.1955	6.4195
	安装技术工	工日	4.2969	4.3356	4.8204	5.0484
计价材料	钢垫板 综合	kg	10.0000	13.0000	13.4000	13.8000
	电焊条 J507 综合	kg	0.2000	0.6000	0.6550	0.7365
	防锈漆	kg	0.0600	0.1100	0.1300	0.1600
	喷漆	kg	0.2000	0.6000	0.6400	0.7200
	枕木 160×220×2500	根	0.5000	1.2000	1.3300	1.6600
	其他材料费	元	2.5800	5.0100	5.4400	6.4300

12

续表

定 额 编 号			CLD 1-18	CLD 1-19	CLD 1-20	CLD 1-21
项 目			容量（MW 以内）			
			0.63	1.25	1.5	2
机具	汽车式起重机 起重量 8t	台班	0.0360	0.0653	0.0716	0.0768
	载重汽车 8t	台班	0.0360	0.0653	0.0716	0.0768
	交流弧焊机 容量 21kVA	台班	0.0719	0.1113	0.1178	0.1799
	其他机具费	元	1.6500	2.9600	3.2300	3.5800

注 未计价材料：接地材料。

1.5 变流器及变压器一体舱安装

工作内容：设备就位，本体安装，设备连线安装，接地，补漆。

定 额 编 号		CLD 1-22	CLD 1-23	CLD 1-24	CLD 1-25
项　　　目		容量（MW+MVA 以内）			
		2.5+2.5	3.15+3.15	5+5	6.3+6.3
单　　　位		套	套	套	套
基　　价（元）		**4336.15**	**4771.30**	**5521.57**	**6448.96**
其中	人　工　费（元）	2975.52	3150.42	3435.92	3707.62
	材　料　费（元）	592.21	677.69	760.36	826.92
	机　具　费（元）	768.42	943.19	1325.29	1914.42
名　　　称	单位	数　　　量			
人工	普通工　　　　　　工日	12.2108	13.0175	14.5779	16.0124
	安装技术工　　　　工日	9.9069	10.4308	11.1261	11.8209
计价材料	钢垫板　综合　　　kg	23.1934	26.4909	28.4062	31.7159
	电焊条　J507　综合　kg	1.5170	1.7515	2.2157	2.5946
	防锈漆　　　　　　kg	0.3353	0.4336	0.5468	0.5896
	喷漆　　　　　　　kg	1.3687	1.6118	1.9228	2.1677
	枕木　160×220×2500　根	3.0468	3.4787	3.9259	4.2193
	其他材料费　　　　元	11.6100	13.2900	14.9100	16.2100

续表

定 额 编 号			CLD 1-22	CLD 1-23	CLD 1-24	CLD 1-25
项 目			容量（MW+MVA 以内）			
			2.5+2.5	3.15+3.15	5+5	6.3+6.3
机具	汽车式起重机 起重量 50t	台班	0.1609	0.2102		
	汽车式起重机 起重量 75t	台班			0.2505	
	汽车式起重机 起重量 100t	台班				0.2614
	载重汽车 25t	台班	0.2429	0.2625	0.2935	
	载重汽车 50t	台班				0.3107
	交流弧焊机 容量 21kVA	台班	0.4223	0.5218	0.7108	0.8887
	其他机具费	元	22.3800	27.4700	38.6000	55.7600

注 未计价材料：接地材料。

15

1.6 一体化储能柜安装

工作内容: 设备就位,本体安装,接地,补漆。

定 额 编 号			CLD 1-26	CLD 1-27
项 目			户内一体化储能柜	户外一体化储能柜
单 位			面	面
基 价 (元)			**1310.32**	**1064.38**
其中	人 工 费 (元)		1015.18	865.89
	材 料 费 (元)		43.21	36.85
	机 具 费 (元)		251.93	161.64
名 称		单位	数 量	
人工	普通工	工日	1.4006	1.1946
	安装技术工	工日	5.1959	4.4318
计价材料	平垫铁 综合	kg	0.3672	0.3132
	电焊条 J422 综合	kg	2.4472	2.0873
	镀锌六角螺栓 综合	kg	0.2515	0.2145
	精制六角带帽螺栓 M10×100 以下	套	13.0424	11.1244
	电力复合脂	kg	0.0612	0.0522
	清洗剂	kg	0.1469	0.1253
	防锈漆	kg	0.5630	0.4802
	普通调和漆	kg	0.4352	0.3712

续表

定　额　编　号			CLD 1-26	CLD 1-27
项　　　　目			户内一体化储能柜	户外一体化储能柜
计价材料	清油　综合	kg	0.1632	0.1392
	钢锯条　各种规格	根	0.8160	0.6960
	其他材料费	元	0.8500	0.7200
机具	汽车式起重机　起重量　12t	台班		0.0807
	汽车式起重机　起重量　25t	台班	0.0946	
	叉式起重机　起重量　5t	台班	0.0423	
	载重汽车　4t	台班		0.0748
	载重汽车　5t	台班	0.0876	
	联合冲剪机　板厚　16mm	台班	0.0344	0.0293
	交流弧焊机　容量　21kVA	台班	0.5629	0.4801
	其他机具费	元	7.3400	4.7100

注　未计价材料：接地材料。

1.7 汇流柜安装

工作内容：设备就位，本体安装，接地，补漆。

定　额　编　号		CLD 1-28	CLD 1-29
项　　　目		户内汇流柜	户外汇流柜
单　　　位		面	面
基　　价（元）		**953.92**	**843.32**
其中	人　工　费（元）	698.33	585.91
	材　料　费（元）	16.78	16.60
	机　具　费（元）	238.81	240.81
名　　　称	单位	数　　　量	
人工	普通工	工日	3.2656	2.6625
	安装技术工	工日	2.0625	1.7813
计价材料	电焊条　J507　综合	kg	1.7014	1.6582
	镀锌六角螺栓　综合	kg	0.6060	0.6230
	其他材料费	元	0.3300	0.3300
机具	汽车式起重机　起重量　5t	台班	0.1725	0.1737
	载重汽车　4t	台班	0.1760	0.1783
	交流弧焊机　容量 21kVA	台班	0.3450	0.3450
	其他机具费	元	6.9600	7.0100

注　未计价材料：接地材料。

第 ② 章 　变 压 器

说　明

一、本章内容

本章内容包括 10kV 干式变压器安装、35kV 干式变压器安装、35kV 油浸变压器安装、110kV 三相双绕组变压器安装、220kV 三相双绕组变压器安装、330kV 三相双绕组变压器安装、500kV 三相双绕组变压器安装、10kV 箱式变电站安装、35kV 箱式变电站安装、接地变压器及消弧线圈成套装置安装、10kV 干式电抗器安装、35kV 干式电抗器安装。

二、未包括的工作内容

1. 变压器基础轨道及母线铁构件的制作、安装，发生时执行本册第 5 章相应定额子目。

2. 智能汇控柜的安装，发生时执行本册第 5 章相应定额子目。

3. 变压器、接地变压器及消弧线圈成套装置、干式电抗器的干燥，发生时按实计算。

4. 二次喷漆，发生时执行本册第 5 章相应定额子目。

三、工程量计算规则

1. 三相变压器安装以"台"为计量单位，二相为一台。

2. 箱式变电站安装以"座"为计量单位，一个集装箱体为一座。

3. 接地变压器及消弧线圈成套装置安装以"台"为计量单位。

4. 10kV、35kV 干式电抗器安装以"组/三相"为计量单位，三相为一组。

四、其他说明

1. 本章设备安装已包含单体调试，不单独计列。

2. 干式变压器如果带有保护外罩时，其安装定额中人工费和机具费都乘以系数 1.2。

3. 三相变压器安装适用于油浸式变压器、自耦变压器安装；带负荷调压变压器安装执行同电压、同容量变压器安装定额乘以系数 1.1；三绕组变压器安装执行同电压、同容量双绕组变压器安装定额乘以系数 1.1。

4. 变压器的散热器分体布置时人工费乘以系数 1.1。

5. 110kV 及以上设备安装在户内时人工费乘以系数 1.3。

6. 10kV 油浸式变压器安装执行 35kV 变压器同容量安装定额乘以系数 0.6。

7. 10kV、35kV 箱式变电站按箱内不含开关柜考虑，若箱内含开关柜，执行相应定额乘以系数 1.3。

2.1 10kV 干式变压器安装

工作内容： 设备就位，本体及附件安装，引下线、设备连线安装，接地，补漆，单体调试。

定额编号			CLD 2-1	CLD 2-2	CLD 2-3	CLD 2-4	CLD 2-5
项 目			容量（kVA 以内）				
			250	500	1000	2000	4000
单 位			台	台	台	台	台
基 价（元）			**1149.09**	**1227.60**	**1786.67**	**2172.89**	**3304.65**
其中	人 工 费（元）		723.06	763.48	961.01	1144.27	2012.60
	材 料 费（元）		91.58	98.59	123.92	259.38	272.48
	机 具 费（元）		334.45	365.53	701.74	769.24	1019.57
名 称		单位	数 量				
人工	普通工	工日	1.7224	1.8226	2.2538	2.7175	4.6969
	安装技术工	工日	3.2248	3.4025	4.3093	5.1088	9.0400
计价材料	钢垫板 综合	kg	3.4000	3.9600	5.9400	6.4350	6.9300
	电焊条 J422 综合	kg	0.2570	0.2970	0.2970	0.3960	0.3960
	镀锌六角螺栓 综合	kg	4.3876	4.5940	4.5940	4.5940	4.5940
	镀锌铁丝	kg	1.0000	1.1000	2.0900	2.7340	3.0800
	电力复合脂	kg	0.1600	0.1600	0.1600	0.1600	0.1600
	清洗剂	kg	0.1100	0.1100	0.1100	0.1100	0.1100
	防锈漆	kg	0.4150	0.4950	0.9900	0.9900	1.4850

续表

定　额　编　号			CLD 2-1	CLD 2-2	CLD 2-3	CLD 2-4	CLD 2-5
项　　　　目			容量（kVA 以内）				
			250	500	1000	2000	4000
计价材料	醇酸防锈漆	kg	0.5170	0.5170	0.5170	0.5170	0.5170
	普通调和漆	kg	0.7897	0.8240	0.9900	0.9900	1.1560
	钢管脚手架　包括扣件	kg				21.1870	21.1870
	木脚手板　50×250×4000	块				0.2119	0.2119
	砂轮切割片　φ400	片	0.0990	0.0990	0.0990	0.0990	0.0990
	砂布	张	0.5500	0.5500	0.5500	0.5500	0.5500
	棉纱头	kg	0.6050	0.6050	0.6050	0.6050	0.6050
	其他材料费	元	1.8000	1.9300	2.4300	5.0900	5.3400
机具	汽车式起重机　起重量　5t	台班	0.1058	0.1369			
	汽车式起重机　起重量　8t	台班			0.4554	0.5129	
	汽车式起重机　起重量　16t	台班					0.5693
	载重汽车　5t	台班	0.0529	0.0679			
	载重汽车　8t	台班			0.1254	0.1426	
	载重汽车　12t	台班					0.2001
	交流弧焊机　容量　21kVA	台班	0.3416	0.3416	0.3416	0.4554	0.4554
	高空作业车　20m 以内	台班	0.1001	0.1001	0.1001	0.1001	0.1001
	机动绞磨　3t 以内	台班	0.1380	0.1380	0.1380	0.1380	0.1380
	机动液压压接机　200t 以内	台班	0.1518	0.1518	0.1518	0.1518	0.1518

续表

定 额 编 号			CLD 2-1	CLD 2-2	CLD 2-3	CLD 2-4	CLD 2-5
项 目			容量（kVA 以内）				
			250	500	1000	2000	4000
机具	变压器绝缘电阻测试仪	台班	0.0932	0.0932	0.1066	0.1066	0.1066
	主变分接开关测试仪	台班	0.0552	0.0552	0.0759	0.0759	0.0759
	变压比电桥	台班	0.0552	0.0552	0.0759	0.0759	0.0759
	其他机具费	元	9.7400	10.6500	20.4400	22.4100	29.7000

注　未计价材料：接地材料，软导线，金具。

24

2.2 35kV 干式变压器安装

工作内容：设备就位，本体及附件安装，引下线、设备连线安装，接地，补漆，单体调试。

定 额 编 号		CLD 2-6	CLD 2-7	CLD 2-8	CLD 2-9	CLD 2-10	CLD 2-11
项 目		容量（kVA 以内）					
		500	1000	2000	4000	6300	8000
单 位		台	台	台	台	台	台
基 价（元）		**2207.43**	**3060.67**	**3556.63**	**5561.68**	**7669.07**	**8945.86**
其中	人 工 费（元）	1458.46	1835.73	2185.82	3844.60	5651.56	6621.60
	材 料 费（元）	270.23	305.70	363.13	381.47	438.68	458.01
	机 具 费（元）	478.74	919.24	1007.68	1335.61	1578.83	1866.25
名 称	单位	数 量					
人工 普通工	工日	3.4816	4.3051	5.1911	8.9723	13.1893	15.0418
安装技术工	工日	6.4998	8.2318	9.7590	17.2688	25.3851	30.0123
计价材料 钢垫板 综合	kg	5.5440	8.3160	9.0090	9.7020	11.6424	13.9709
电焊条 J422 综合	kg	0.4158	0.4158	0.5544	0.5544	0.6653	0.6653
镀锌六角螺栓 综合	kg	6.4316	6.4316	6.4316	6.4316	6.4316	6.4316
镀锌铁丝	kg	1.5400	2.9260	3.8276	4.3120	5.1744	6.2093
电力复合脂	kg	0.2240	0.2240	0.2240	0.2240	0.2240	0.2240
清洗剂	kg	0.1540	0.1540	0.1540	0.1540	0.1540	0.1540
防锈漆	kg	0.6930	1.3860	1.3860	2.0790	2.4948	2.4948

续表

定 额 编 号			CLD 2-6	CLD 2-7	CLD 2-8	CLD 2-9	CLD 2-10	CLD 2-11
项 目			容量（kVA 以内）					
			500	1000	2000	4000	6300	8000
计价材料	醇酸防锈漆	kg	0.7238	0.7238	0.7238	0.7238	0.7238	0.7238
	普通调和漆	kg	1.1536	1.3860	1.3860	1.6184	1.9421	1.9421
	钢管脚手架 包括扣件	kg	20.5710	20.5710	29.6618	29.6618	35.5942	35.5942
	木脚手板 50×250×4000	块	0.2967	0.2967	0.2967	0.2967	0.2967	0.2967
	砂轮切割片 φ400	片	0.1386	0.1386	0.1386	0.1386	0.1386	0.1386
	砂布	张	0.7700	0.7700	0.7700	0.7700	0.7700	0.7700
	棉纱头	kg	0.8470	0.8470	0.8470	0.8470	0.8470	0.8470
	其他材料费	元	5.3000	5.9900	7.1200	7.4800	8.6000	8.9800
机具	汽车式起重机 起重量 5t	台班	0.1793					
	汽车式起重机 起重量 8t	台班		0.5966	0.6719			
	汽车式起重机 起重量 16t	台班				0.7458	0.9174	1.1284
	载重汽车 5t	台班	0.0889					
	载重汽车 8t	台班		0.1642	0.1868			
	载重汽车 12t	台班				0.2621	0.3223	0.3965
	交流弧焊机 容量 21kVA	台班	0.4475	0.4475	0.5966	0.5966	0.7338	0.7338
	高空作业车 20m 以内	台班	0.1311	0.1311	0.1311	0.1311	0.1311	0.1311
	机动绞磨 3t 以内	台班	0.1808	0.1808	0.1808	0.1808	0.1808	0.1808
	机动液压压接机 200t 以内	台班	0.1988	0.1988	0.1988	0.1988	0.1988	0.1988

26

续表

定　额　编　号			CLD 2-6	CLD 2-7	CLD 2-8	CLD 2-9	CLD 2-10	CLD 2-11
项　　　目			容量（kVA 以内）					
			500	1000	2000	4000	6300	8000
机具	变压器绝缘电阻测试仪	台班	0.1220	0.1396	0.1396	0.1396	0.1396	0.1396
	主变分接开关测试仪	台班	0.0723	0.0995	0.0995	0.0995	0.0995	0.0995
	变压比电桥	台班	0.0723	0.0995	0.0995	0.0995	0.0995	0.0995
	其他机具费	元	13.9400	26.7700	29.3500	38.9000	45.9900	54.3600

注　未计价材料：接地材料，软导线，金具。

2.3 35kV 油浸变压器安装

工作内容： 设备就位，本体及附件安装，端子箱、控制箱安装，引下线、设备连线安装，接地，补漆，油过滤，单体调试。

定　额　编　号		CLD 2-12	CLD 2-13	CLD 2-14
项　　目		容量（kVA 以内）		
		8000	20000	40000
单　　位		台	台	台
基　　价（元）		**17618.34**	**21527.87**	**28910.37**
其中	人　工　费（元）	7839.64	9629.36	13621.73
	材　料　费（元）	2368.62	3335.01	3634.70
	机　具　费（元）	7410.08	8563.50	11653.94
名　　称	单位	数　　量		
人工	普通工	工日	10.8661	13.2489	18.7273
	安装技术工	工日	40.0918	49.3086	69.7618
计价材料	等边角钢　边长50以下	kg	1.9860	1.9860	1.9860
	中厚钢板　6~12	kg	99.8059	118.1912	139.2029
	黄铜丝　综合	kg	0.0420	0.0570	0.0970
	铜带　200mm×0.2mm	m	0.0420	0.0570	0.0650
	钢垫板　综合	kg	7.5240	9.4050	9.4050
	电焊条　J422　综合	kg	0.1881	0.2228	0.2624

28

续表

定 额 编 号		CLD 2-12	CLD 2-13	CLD 2-14
项 目		容量（kVA 以内）		
		8000	20000	40000
计价材料	电焊条　J507　综合	kg	2.3770	3.3460	3.3460
	镀锌六角螺栓　综合	kg	5.1410	5.1410	5.1410
	镀锌铁丝	kg	5.3768	5.6540	6.9118
	绝缘胶带　20mm×20m	卷	0.6215	0.6492	0.9159
	耐油橡胶板　8mm	kg	1.2790	1.9190	1.9190
	泡沫塑料聚酯乙烯	kg	0.3762	0.4455	0.5247
	聚氯乙烯塑料薄膜　0.5mm	kg	0.3950	0.4940	0.5930
	塑料带　20mm×40m	卷	0.6360	0.8490	0.9690
	电力复合脂	kg	1.5680	2.0390	2.0390
	乙醇	kg	0.0420	0.0570	0.0970
	清洗剂	kg	1.1500	1.6200	2.0900
	氧气	m^3	1.4110	1.8810	1.8810
	乙炔气	m^3	0.4940	0.6590	0.6590
	防锈漆	kg	0.3380	0.3380	0.3380
	醇酸防锈漆	kg	0.5170	0.5170	0.5170
	醇酸磁漆	kg	0.4710	0.4710	0.7060
	普通调和漆	kg	2.1790	2.8060	3.4300
	钢管脚手架　包括扣件	kg	31.8850	39.8570	39.8570

续表

定 额 编 号			CLD 2-12	CLD 2-13	CLD 2-14
项 目			容量（kVA 以内）		
			8000	20000	40000
计价材料	木脚手板 50×250×4000	块	0.3190	0.3990	0.3990
	枕木 160×220×2500	根	4.5140	9.0290	9.0290
	钢锯条 各种规格	根	0.9930	0.9930	0.9930
	砂布	张	2.3960	2.9270	2.9270
	白布	m²	1.0160	1.3550	1.6930
	无絮棉布	kg	0.0420	0.0570	0.1300
	棉纱头	kg	2.7486	2.9565	3.6641
	滤油芯	组	4.1420	4.9050	5.7770
	其他材料费	元	46.4400	65.3900	71.2700
机具	汽车式起重机 起重量 5t	台班	0.7132	0.7883	1.9374
	汽车式起重机 起重量 8t	台班	2.1034	2.1034	2.9981
	载重汽车 5t	台班	0.3717	0.4548	0.5494
	载重汽车 8t	台班	0.1507	0.2254	0.3508
	交流弧焊机 容量 21kVA	台班	2.6766	3.2692	3.7453
	滤油机 120L/h 以内	台班	0.5606	0.6640	0.7820
	滤油机 200L/h 以内	台班	0.4969	0.5885	0.6930
	真空滤油机 12000L/h	台班	0.6380	0.7556	0.8899
	高真空净油机 12000L/h 以内	台班	0.6450	0.7638	0.8996

30

续表

定 额 编 号		CLD 2-12	CLD 2-13	CLD 2-14
项 目		容量（kVA 以内）		
		8000	20000	40000
机具	高空作业车 20m 以内 台班	0.1001	0.1001	0.1001
	机动绞磨 3t 以内 台班	0.1380	0.1380	0.1380
	机动液压压接机 200t 以内 台班	0.1518	0.1518	0.1518
	变压器绝缘电阻测试仪 台班	0.5359	0.7153	0.9396
	回路电阻测试仪 量程 1~1999μΩ 台班	0.2680	0.3577	0.4083
	介质损耗测试仪 台班	0.5359	0.7153	0.9396
	综合特性测试仪（含 TA、TV） 台班	0.4830	0.6440	0.9396
	标准电流互感器 电压等级 110kV 台班	0.4830	0.6440	0.9396
	交流耐压仪 设备耐压用 35kV 及以下 台班	0.5359	0.7153	0.8177
	油耐压试验仪 台班	0.4025	0.5359	0.7349
	主变分接开关测试仪 台班	0.5359	0.7153	0.9396
	直流高压发生器 60~120kV 台班	0.4830	0.6440	0.8177
	变压器直阻测试仪 10A 台班	0.2680	0.3577	0.6141
	大电流发生器 2000A 台班	0.4830	0.6440	0.9396

定　额　编　号		CLD 2-12	CLD 2-13	CLD 2-14
项　　　　目		容量（kVA 以内）		
		8000	20000	40000
机具	交直流高压分压器　100kV　台班	0.5359	0.7153	0.8177
	液压千斤顶　起重量　100t　台班	1.7538	2.8060	4.2079
	电焊条烘干箱　容量（cm^3）55×45×55　台班	2.5071	2.9690	3.4967
	变压比电桥　台班	0.4025	0.5359	0.8177
	其他机具费　元	215.8300	249.4200	339.4400

注　未计价材料：接地材料，软导线，金具，悬垂绝缘子。

2.4 110kV 三相双绕组变压器安装

工作内容：设备就位，本体及附件安装，端子箱、控制箱安装，引下线、设备连线安装，接地，补漆，
油过滤，单体调试。

定 额 编 号			CLD 2-15	CLD 2-16	CLD 2-17	CLD 2-18	CLD 2-19	CLD 2-20
项 目			容量（kVA 以内）					
			31500	50000	63000	80000	120000	150000
单 位			台	台	台	台	台	台
基 价 （元）			**35454.21**	**43153.11**	**52917.77**	**60901.36**	**71546.57**	**82485.07**
其中	人 工 费 （元）		13124.61	15261.17	17827.84	19908.20	22244.54	24276.44
	材 料 费 （元）		5475.13	7366.26	10090.84	11516.84	13929.00	16142.82
	机 具 费 （元）		16854.47	20525.68	24999.09	29476.32	35373.03	42065.81
名 称		单位	数 量					
人工	普通工	工日	11.0760	12.8791	15.5824	16.8499	20.2608	22.4894
	安装技术工	工日	71.7911	83.4780	97.1648	108.8648	120.6995	131.4765
计价材料	等边角钢 边长50以下	kg	8.9350	8.9350	8.9350	8.9350	8.9350	8.9350
	中厚钢板 6~12	kg	258.4972	349.3205	483.2705	503.2705	688.1351	798.2367
	黄铜丝 综合	kg	0.0784	0.1060	0.1160	0.1224	0.1270	0.1473
	铜带 200mm×0.2mm	m	0.0784	0.1060	0.1160	0.1224	0.1270	0.1473
	钢垫板 综合	kg	7.5465	10.1980	15.1480	19.5480	25.0480	29.0557
	电焊条 J422 综合	kg	0.4872	0.6584	0.9108	1.1108	1.2969	1.5044

续表

定 额 编 号		CLD 2-15	CLD 2-16	CLD 2-17	CLD 2-18	CLD 2-19	CLD 2-20
项 目		容量（kVA 以内）					
		31500	50000	63000	80000	120000	150000
计价材料	电焊条 J507 综合	kg	5.6921	7.6920	9.2310	11.8310	14.7700	17.1332
	镀锌六角螺栓 综合	kg	3.8569	5.2120	5.2120	5.8120	6.6500	7.7140
	镀锌铁丝	kg	7.6418	10.3268	12.4014	13.2014	17.9652	20.8396
	绝缘胶带 20mm×20m	卷	0.3898	0.5267	0.7286	0.7986	1.0375	1.2035
	耐油橡胶板 8mm	kg	2.6930	2.6930	2.6930	2.6930	2.6930	2.6930
	泡沫塑料聚酯乙烯	kg	0.9744	1.3167	1.8216	2.2216	2.5938	3.0088
	聚氯乙烯塑料薄膜 0.5mm	kg	0.6930	0.6930	0.6930	0.6930	0.6930	0.6930
	塑料带 20mm×40m	卷	0.7844	1.0600	1.1200	1.1860	1.2730	1.4767
	电力复合脂	kg	2.0964	2.8330	2.9200	3.1500	3.3500	3.8860
	乙醇	kg	0.0784	0.1060	0.1110	0.1210	0.1440	0.1670
	清洗剂	kg	2.4265	3.2790	3.8240	4.0240	4.3240	5.0158
	氧气	m³	2.1978	2.9700	3.1650	3.4650	3.9600	4.5936
	乙炔气	m³	0.7696	1.0400	1.1400	1.2400	1.3860	1.6078
	防锈漆	kg	0.6000	0.6000	0.6000	0.6000	0.6000	0.6000
	醇酸防锈漆	kg	0.3826	0.5170	0.5700	0.6800	0.7700	0.8932
	醇酸磁漆	kg	0.7430	0.7430	0.7430	0.7430	0.7430	0.7430
	普通调和漆	kg	4.0522	5.4760	5.8760	6.2760	6.8020	7.8903
	钢管脚手架 包括扣件	kg	49.5704	66.9870	86.7870	99.7870	111.5990	129.4548

34

续表

定　额　编　号			CLD 2-15	CLD 2-16	CLD 2-17	CLD 2-18	CLD 2-19	CLD 2-20
项　　　　　目			容量（kVA 以内）					
			31500	50000	63000	80000	120000	150000
计价材料	木脚手板　50×250×4000	块	0.4958	0.6700	0.8680	0.9680	1.1160	1.2946
	枕木　160×220×2500	根	10.5494	14.2560	20.1960	23.1960	26.6310	30.8920
	钢锯条　各种规格	根	0.3670	0.4960	0.4960	0.4960	0.4960	0.5754
	砂布	张	1.8729	2.5310	2.8310	3.2310	3.6310	4.2120
	白布	m²	1.3187	1.7820	2.0790	2.3790	2.6730	3.1007
	无絮棉布	kg	0.1302	0.1760	0.1820	0.2020	0.2120	0.2459
	棉纱头	kg	4.9092	6.6341	8.4018	10.0518	11.0154	12.7779
	滤油芯	组	10.7278	14.4970	20.0560	24.0560	28.5580	33.1273
	其他材料费	元	107.3600	144.4400	197.8600	225.8200	273.1200	316.5300
机具	汽车式起重机　起重量　5t	台班	1.9433	2.3698	2.8975	3.2425	3.7016	4.4050
	汽车式起重机　起重量　16t	台班	1.8521	2.2586	2.4090	2.4886	2.7497	3.2721
	载重汽车　5t	台班	1.2492	1.5234	1.8947	2.1201	2.5114	2.9885
	真空泵　抽气速度　204m³/h	台班	1.0656	1.2995	1.3202	1.3340	1.3743	1.6354
	交流弧焊机　容量　21kVA	台班	1.7454	2.1284	2.3976	2.5864	3.0849	3.6710
	滤油机　120L/h 以内	台班	1.6091	1.9624	2.7148	3.2968	3.8657	4.6002
	滤油机　200L/h 以内	台班	1.4260	1.7390	2.4059	2.9826	3.4257	4.0766
	真空滤油机　12000L/h	台班	1.8311	2.2331	3.0894	3.7806	4.3990	5.2348
	高真空净油机　12000L/h 以内	台班	1.8512	2.2576	2.6632	3.3532	4.4472	5.2921

续表

定 额 编 号		CLD 2-15	CLD 2-16	CLD 2-17	CLD 2-18	CLD 2-19	CLD 2-20
项　　目		容量（kVA 以内）					
		31500	50000	63000	80000	120000	150000
机具	高空作业车　20m 以内　台班	0.0887	0.1081	0.1576	0.1812	0.2151	0.2559
	液压升降机　9m 以内　台班	1.5739	1.9194	2.0534	2.2644	2.4748	2.9450
	机动绞磨　3t 以内　台班	0.1226	0.1495	0.1640	0.1737	0.1806	0.2148
	机动液压压接机　200t 以内　台班	0.1763	0.2151	0.2427	0.2914	0.3232	0.3846
	变压器绝缘电阻测试仪　台班	0.9166	1.1178	1.1178	1.2348	1.5709	1.8693
	回路电阻测试仪　量程　1~1999μΩ　台班	0.3876	0.4727	0.4958	0.5162	0.5233	0.6227
	介质损耗测试仪　台班	0.9166	1.1178	1.1484	1.2558	1.4663	1.7449
	综合特性测试仪（含 TA、TV）　台班	1.0995	1.3409	1.3754	1.2933	1.5709	1.8693
	标准电流互感器　电压等级　110kV　台班	1.0995	1.3409	1.3754	1.2933	1.5709	1.8693
	油耐压试验仪　台班	0.7337	0.8947	1.0097	1.1104	1.1523	1.3713
	主变分接开关测试仪　台班	1.0995	1.3409	1.4789	1.6043	1.6767	1.9953
	直流高压发生器　60~120kV　台班	1.0995	1.3409	1.4789	1.6043	1.6767	1.9953
	变压器直阻测试仪　10A　台班	0.7337	0.8947	0.9626	1.1121	1.3616	1.6204
	大电流发生器　2000A　台班	1.0995	1.3409	1.3904	1.4559	1.5709	1.8693
	交直流高压分压器　100kV　台班	0.9315	0.9315	0.9315	0.9315	1.0477	1.0477
	液压千斤顶　起重量　100t　台班	5.2761	6.4343	7.8545	9.1195	9.8935	11.7732
	平台作业升降车　提升高度　20m　台班			0.0748	0.0915	0.1047	0.1245

续表

定　额　编　号			CLD 2-15	CLD 2-16	CLD 2-17	CLD 2-18	CLD 2-19	CLD 2-20
项　　　目			容量（kVA 以内）					
			31500	50000	63000	80000	120000	150000
机具	电焊条烘干箱　容量（cm^3）　55×45×55	台班	7.1953	8.7747	12.1395	15.7073	17.2855	20.5698
	变压比电桥	台班	1.0995	1.3409	1.3409	1.5397	1.6767	1.9953
	其他机具费	元	490.9100	597.8400	728.1300	858.5300	1030.2800	1225.2200

注　未计价材料：接地材料，软导线，金具，悬垂绝缘子。

2.5 220kV 三相双绕组变压器安装

工作内容： 设备就位，本体及附件安装，端子箱、控制箱安装，引下线、设备连线安装，接地，补漆，油过滤，单体调试。

定 额 编 号		CLD 2-21	CLD 2-22	CLD 2-23	CLD 2-24
项 目		容量（kVA 以内）			
		120000	180000	240000	360000
单 位		台	台	台	台
基 价（元）		**101728.29**	**115416.01**	**129189.09**	**149025.67**
其中	人 工 费（元）	24796.35	27275.72	29815.25	33971.35
	材 料 费（元）	13438.83	15126.21	18714.35	21836.73
	机 具 费（元）	63493.11	73014.08	80659.49	93217.59
名 称	单位	数 量			
人工 普通工	工日	19.7720	22.5214	25.6906	29.7306
安装技术工	工日	136.3928	149.5234	162.7408	185.1248
计价材料 等边角钢 边长50以下	kg	8.9350	8.9350	8.9350	8.9350
中厚钢板 6~12	kg	676.5787	802.6492	966.5410	1176.6586
黄铜丝 综合	kg	0.3030	0.3030	0.3030	0.3030
铜带 200mm×0.2mm	m	0.3030	0.4040	0.4040	0.4040
钢垫板 综合	kg	23.8110	23.8110	39.8980	79.4980
电焊条 J422 综合	kg	1.2751	1.5127	1.8216	2.2176

续表

定 额 编 号		CLD 2-21	CLD 2-22	CLD 2-23	CLD 2-24
项 目		容量（kVA 以内）			
		120000	180000	240000	360000
计价材料	电焊条 J507 综合	kg	11.3650	11.3650	13.9040	13.9040
	镀锌六角螺栓 综合	kg	6.5070	6.5070	8.0520	8.0520
	镀锌铁丝	kg	19.7710	26.3748	32.5798	38.7178
	绝缘胶带 20mm×20m	卷	1.0201	1.2102	1.4573	1.7741
	耐油橡胶板 8mm	kg	3.8380	3.8380	5.3860	5.3860
	泡沫塑料聚酯乙烯	kg	2.5502	3.0254	3.6432	4.4352
	聚氯乙烯塑料薄膜 0.5mm	kg	0.9880	1.0530	1.2470	1.2470
	塑料带 20mm×40m	卷	3.0290	3.0290	3.0290	4.0390
	电力复合脂	kg	0.1320	0.1650	0.2200	0.2200
	乙醇	kg	0.4040	0.4040	0.4040	0.5050
	清洗剂	kg	5.0670	5.1220	5.4790	6.4690
	氧气	m³	3.7620	3.7620	5.9400	7.9200
	乙炔气	m³	1.3170	1.3170	2.0790	2.7720
	氮气	m³	15.0480	16.9290	19.8000	22.7700
	防锈漆	kg	0.1500	0.1500	0.1500	0.1500
	醇酸防锈漆	kg	0.7700	1.0230	1.2830	1.2830
	醇酸磁漆	kg	0.7060	0.8000	0.8910	0.9900
	普通调和漆	kg	9.6040	11.4850	12.7430	14.3870

续表

定　额　编　号			CLD 2-21	CLD 2-22	CLD 2-23	CLD 2-24
项　　　目			容量（kVA 以内）			
			120000	180000	240000	360000
计价材料	钢管脚手架　包括扣件	kg	79.7130	79.7130	104.8860	125.8620
	木脚手板　50×250×4000	块	0.7970	0.7970	1.0490	1.2580
	枕木　160×220×2500	根	25.3000	25.3000	33.2640	33.2640
	钢锯条　各种规格	根	0.4960	0.4960	0.4960	0.4960
	砂布	张	2.1460	2.6960	3.7960	3.7960
	白布	m²	2.1170	2.1170	2.2280	2.3760
	无絮棉布	kg	0.6060	0.6060	0.6060	0.6060
	棉纱头	kg	10.2667	11.7473	14.3286	16.7046
	滤油芯	组	28.0784	33.3104	40.1120	48.8320
	其他材料费	元	263.5100	296.5900	366.9500	428.1700
机具	汽车式起重机　起重量　5t	台班	4.7941	6.2537	7.3062	10.4031
	汽车式起重机　起重量　16t	台班	4.3781	4.4804	4.6000	4.6000
	汽车式起重机　起重量　30t	台班	1.2374	1.4283	1.4950	1.5031
	载重汽车　5t	台班	2.6988	3.7881	4.3369	5.4823
	真空泵　抽气速度　204m³/h	台班	2.3794	2.6657	2.7600	2.7830
	交流弧焊机　容量 21kVA	台班	17.8616	20.7182	24.4214	29.1824
	滤油机　120L/h 以内	台班	3.8008	4.5089	5.4296	6.6100
	滤油机　200L/h 以内	台班	3.3682	3.9959	4.8118	5.8579

续表

定 额 编 号			CLD 2-21	CLD 2-22	CLD 2-23	CLD 2-24
项 目			容量（kVA 以内）			
			120000	180000	240000	360000
机具	真空滤油机　12000L/h	台班	4.3252	5.1311	6.1787	7.5219
	高真空净油机　6000L/h 以内	台班	7.9948	8.6618	8.7400	9.2000
	高真空净油机　12000L/h 以内	台班	4.3725	5.1873	6.2465	7.6044
	高空作业车　20m 以内	台班	0.2151	0.2151	0.2484	0.2484
	液压升降机　9m 以内	台班	2.5691	3.5213	4.2079	4.2079
	机动绞磨　3t 以内	台班	0.1806	0.2266	0.2703	0.2703
	机动液压压接机　200t 以内	台班	0.3232	0.3772	0.4301	0.4301
	变压器绝缘电阻测试仪	台班	3.0659	3.0659	3.0659	4.0871
	回路电阻测试仪　量程　1~1999μΩ	台班	1.0224	1.0224	1.0224	1.0224
	介质损耗测试仪	台班	2.8624	3.5777	3.5777	3.8836
	综合特性测试仪（含 TA、TV）	台班	3.0659	3.0659	3.0659	3.5777
	标准电流互感器　电压等级　110kV	台班	3.0659	3.0659	3.0659	3.5777
	油耐压试验仪	台班	2.2494	2.5553	2.5553	3.0659
	主变分接开关测试仪	台班	3.2706	3.5777	3.5777	3.8836
	直流高压发生器　60~120kV	台班	3.2706	3.5777	3.5777	3.8836
	变压器直阻测试仪　10A	台班	2.6577	3.5777	3.5777	3.8836
	大电流发生器　2000A	台班	3.0659	3.0659	3.0659	3.5777
	交直流高压分压器　100kV	台班	2.0447	2.0447	2.0447	2.0447

定 额 编 号			CLD 2-21	CLD 2-22	CLD 2-23	CLD 2-24
项 目			容量（kVA 以内）			
			120000	180000	240000	360000
机具	液压千斤顶 起重量 200t	台班	10.2799	14.0875	16.8326	16.8326
	平台作业升降车 提升高度 20m	台班	0.2036	0.2036	0.2036	0.4083
	电焊条烘干箱 容量（cm^3） 55×45×55	台班	16.9953	20.1621	24.2790	29.5571
	变压比电桥	台班	3.2706	3.5777	3.5777	3.8836
	其他机具费	元	1849.3100	2126.6200	2349.3100	2715.0800

注 未计价材料：接地材料，软导线，金具，悬垂绝缘子。

2.6 330kV 三相双绕组变压器安装

工作内容：设备就位，本体及附件安装，端子箱、控制箱安装，引下线、设备连线安装，接地，补漆，油过滤，单体调试。

定　额　编　号			CLD 2-25	CLD 2-26
项　　　　　目			容量（kVA 以内）	
			240000	360000
单　　　位			台	台
基　　　价（元）			154043.77	193266.52
其中	人　工　费（元）		33220.92	43735.32
	材　料　费（元）		20308.46	25997.88
	机　具　费（元）		100514.39	123533.32
名　　称		单位	数　　量	
人工	普通工	工日	29.8034	39.3730
	安装技术工	工日	180.5563	237.6124
计价材料	等边角钢　边长 50 以下	kg	8.9350	8.9350
	中厚钢板　6~12	kg	1050.5880	1470.8232
	黄铜丝　综合	kg	0.3030	0.3030
	铜带　200mm×0.2mm	m	0.4040	0.4040
	钢垫板　综合	kg	72.5680	72.5680
	电焊条　J422　综合	kg	1.9800	2.7720

续表

定 额 编 号			CLD 2-25	CLD 2-26
项　　　目			容量（kVA 以内）	
			240000	360000
计价材料	电焊条　J507　综合	kg	18.2310	18.2310
	镀锌六角螺栓　综合	kg	25.8990	25.8990
	镀锌铁丝	kg	34.2980	44.3960
	绝缘胶带　20mm×20m	卷	1.5840	2.2176
	耐油橡胶板　8mm	kg	5.3460	5.3460
	泡沫塑料聚酯乙烯	kg	3.9600	5.5440
	聚氯乙烯塑料薄膜　0.5mm	kg	1.2870	1.2870
	塑料带　20mm×40m	卷	3.0290	4.0390
	电力复合脂	kg	1.1000	1.1000
	乙醇	kg	0.4040	0.5050
	清洗剂	kg	5.9080	5.9080
	氧气	m³	7.2270	7.4250
	乙炔气	m³	2.4750	2.6040
	氮气	m³	21.7800	24.7500
	防锈漆	kg	0.1500	0.1500
	醇酸防锈漆	kg	3.0800	3.0800
	醇酸磁漆	kg	0.9900	0.9900
	普通调和漆	kg	14.0590	16.0390

续表

定 额 编 号		CLD 2-25	CLD 2-26
项　　　目		容量（kVA 以内）	
		240000	360000
计价材料	钢管脚手架　包括扣件　kg	114.4440	152.0640
	木脚手板　50×250×4000　块	1.1450	1.5210
	枕木　160×220×2500　根	33.2640	33.2640
	钢锯条　各种规格　根	0.4960	0.4960
	砂布　张	10.9460	10.9460
	白布　m²	2.5740	2.9700
	白布带　20mm×20m　卷	2.6730	3.4650
	无絮棉布　kg	0.6060	0.6060
	棉纱头　kg	16.5440	21.5930
	滤油芯　组	43.6000	61.0400
	其他材料费　元	398.2100	509.7600
机具	汽车式起重机　起重量　5t　台班	8.3249	10.5329
	汽车式起重机　起重量　16t　台班	4.7587	5.2394
	汽车式起重机　起重量　40t　台班	1.8734	2.0643
	载重汽车　5t　台班	5.5304	7.1553
	真空泵　抽气速度　204m³/h　台班	3.2465	3.5673
	交流弧焊机　容量　21kVA　台班	25.7612	35.4626
	滤油机　120L/h 以内　台班	5.9018	8.2625

定 额 编 号			CLD 2-25	CLD 2-26
项 目			容量（kVA 以内）	
			240000	360000
机具	滤油机　200L/h 以内	台班	5.2302	7.3223
	真空滤油机　12000L/h	台班	6.7160	9.4024
	高真空净油机　12000L/h 以内	台班	19.6144	23.6320
	高空作业车　20m 以内	台班	0.3232	0.3232
	高空作业车　30m 以内	台班	1.6940	1.8055
	液压升降机　9m 以内	台班	4.0365	4.4482
	机动绞磨　3t 以内	台班	0.9580	0.9580
	机动液压压接机　200t 以内	台班	1.1305	1.1305
	变压器绝缘电阻测试仪	台班	3.0659	4.0871
	回路电阻测试仪　量程　1~1999μΩ	台班	1.0224	1.0224
	介质损耗测试仪	台班	3.5777	3.8836
	综合特性测试仪（含 TA、TV）	台班	3.0659	3.5777
	标准电流互感器　电压等级　110kV	台班	3.0659	3.5777
	油耐压试验仪	台班	2.5553	3.0659
	主变分接开关测试仪	台班	3.5777	3.8836
	直流高压发生器　60~120kV	台班	3.5777	3.8836
	变压器直阻测试仪　10A	台班	3.5777	3.8836
	大电流发生器　2000A	台班	3.0659	3.5777

定 额 编 号			CLD 2-25	CLD 2-26
项　　　　目			容量（kVA 以内）	
			240000	360000
机具	交直流高压分压器　100kV	台班	2.0447	2.0447
	液压千斤顶　起重量　200t	台班	16.1610	17.9136
	平台作业升降车　提升高度　20m	台班	0.2036	0.4083
	电焊条烘干箱　容量（cm³）55×45×55	台班	26.3902	36.9463
	变压比电桥	台班	3.5777	3.8836
	其他机具费	元	2927.6000	3598.0600

注　未计价材料：接地材料，软导线，金具，悬垂绝缘子。

2.7 500kV 三相双绕组变压器安装

工作内容：设备就位，本体及附件安装，端子箱、控制箱安装，引下线、设备连线安装，接地，补漆，油过滤，单体调试。

定 额 编 号		CLD 2-27	CLD 2-28
项 目		容量（kVA 以内）	
		360000	500000
单 位		台	台
基 价 （元）		**225303.33**	**267149.74**
其中	人 工 费 （元）	61868.00	73004.24
	材 料 费 （元）	27774.94	33194.90
	机 具 费 （元）	135660.39	160950.60
名 称	单位	数 量	
人工 普通工	工日	56.2463	66.3706
安装技术工	工日	335.7660	396.2039
计价材料 等边角钢 边长50以下	kg	8.9350	11.0794
中厚钢板 6~12	kg	1575.8820	1954.0937
黄铜丝 综合	kg	0.3030	0.3757
铜带 200mm×0.2mm	m	0.4040	0.5010
钢垫板 综合	kg	94.3480	116.9915
电焊条 J422 综合	kg	2.9700	3.6828

续表

定 额 编 号			CLD 2-27	CLD 2-28
项 目			容量（kVA 以内）	
			360000	500000
计价材料	电焊条 J507 综合	kg	14.6310	18.1424
	镀锌六角螺栓 综合	kg	28.0720	28.0720
	镀锌铁丝	kg	43.0100	53.3324
	绝缘胶带 20mm×20m	卷	2.3760	2.9462
	耐油橡胶板 8mm	kg	5.4450	6.7518
	泡沫塑料聚酯乙烯	kg	5.9400	7.3656
	聚氯乙烯塑料薄膜 0.5mm	kg	1.5250	1.5250
	塑料带 20mm×40m	卷	4.0390	5.0084
	电力复合脂	kg	1.1000	1.1000
	乙醇	kg	0.5050	0.5050
	清洗剂	kg	7.8880	7.8880
	氧气	m³	7.8410	9.7228
	乙炔气	m³	2.7420	3.4001
	氮气	m³	19.8000	24.5520
	防锈漆	kg	0.1500	0.1500
	醇酸防锈漆	kg	3.0800	3.0800
	醇酸磁漆	kg	1.2180	1.2180
	普通调和漆	kg	16.3990	20.3348

续表

定 额 编 号			CLD 2-27	CLD 2-28
项　　　　目			容量（kVA 以内）	
			360000	500000
计价材料	钢管脚手架　包括扣件	kg	176. 2200	218. 5128
	木脚手板　50×250×4000	块	1. 7620	2. 1849
	枕木　160×220×2500	根	34. 6500	34. 6500
	钢锯条　各种规格	根	0. 4960	0. 4960
	砂布	张	12. 5960	15. 6190
	白布	m²	2. 8220	3. 4993
	无絮棉布	kg	0. 6060	0. 6060
	棉纱头	kg	22. 5430	27. 9533
	滤油芯	组	65. 4000	81. 0960
	其他材料费	元	544. 6100	650. 8800
机具	汽车式起重机　起重量　5t	台班	12. 6868	15. 0973
	汽车式起重机　起重量　16t	台班	5. 5108	6. 5579
	汽车式起重机　起重量　40t	台班	2. 0033	2. 3840
	载重汽车　5t	台班	7. 9281	9. 4345
	真空泵　抽气速度　204m³/h	台班	4. 2079	5. 0073
	交流弧焊机　容量　21kVA	台班	38. 3640	45. 6532
	滤油机　120L/h 以内	台班	8. 8527	10. 5347
	滤油机　200L/h 以内	台班	7. 8453	9. 3359

续表

定 额 编 号			CLD 2-27	CLD 2-28
项 目			容量（kVA 以内）	
			360000	500000
机具	真空滤油机　12000L/h	台班	10.0740	11.9881
	高真空净油机　12000L/h 以内	台班	27.1262	32.2802
	高空作业车　30m 以内	台班	1.1845	1.1845
	液压升降机　9m 以内	台班	5.1095	6.0803
	机动绞磨　3t 以内	台班	1.1914	1.1914
	机动液压压接机　200t 以内	台班	1.1845	1.1845
	变压器绝缘电阻测试仪	台班	4.0871	4.8637
	回路电阻测试仪　量程　1~1999μΩ	台班	1.0224	1.0224
	介质损耗测试仪	台班	3.8836	4.6214
	综合特性测试仪（含 TA、TV）	台班	3.5777	4.2574
	标准电流互感器　电压等级　110kV	台班	3.5777	4.2574
	油耐压试验仪	台班	3.0659	3.6484
	主变分接开关测试仪	台班	3.8836	4.6214
	直流高压发生器　60~120kV	台班	3.8836	4.6214
	变压器直阻测试仪　10A	台班	3.8836	4.6214
	大电流发生器　2000A	台班	3.5777	4.2574
	交直流高压分压器　100kV	台班	2.0447	2.0447
	液压千斤顶　起重量　200t	台班	20.4390	24.3224

续表

定 额 编 号			CLD 2-27	CLD 2-28
项 目			容量（kVA 以内）	
			360000	500000
机具	平台作业升降车　提升高度　20m	台班	0.4083	0.4859
	电焊条烘干箱　容量（cm³）55×45×55	台班	39.5853	47.1065
	变压比电桥	台班	3.8836	4.6214
	其他机具费	元	3951.2700	4687.8800

注　未计价材料：接地材料，软导线，金具，悬垂绝缘子。

52

2.8 10kV 箱式变电站安装

工作内容： 设备就位，箱式变电站安装，接地，补漆，单体调试。

定 额 编 号			CLD 2-29	CLD 2-30	CLD 2-31	CLD 2-32
项 目			容量（kVA 以内）			
			315	630	800	1250
单 位			座	座	座	座
基 价（元）			**3071.80**	**3529.93**	**3932.36**	**4535.03**
其中	人 工 费（元）		1654.46	1824.77	2057.28	2385.97
	材 料 费（元）		118.96	118.96	118.96	118.96
	机 具 费（元）		1298.38	1586.20	1756.12	2030.10
名 称		单位	数 量			
人工	普通工	工日	2.5829	2.8479	3.2161	3.9190
	安装技术工	工日	8.2706	9.1226	10.2815	11.8000
计价材料	平垫铁 综合	kg	7.2000	7.2000	7.2000	7.2000
	电焊条 J422 综合	kg	2.2699	2.2699	2.2699	2.2699
	镀锌六角螺栓 综合	kg	3.3909	3.3909	3.3909	3.3909
	精制六角带帽螺栓 M10×100 以下	套	20.5000	20.5000	20.5000	20.5000
	电力复合脂	kg	0.1800	0.1800	0.1800	0.1800
	清洗剂	kg	0.5580	0.5580	0.5580	0.5580
	防锈漆	kg	0.8640	0.8640	0.8640	0.8640

续表

定 额 编 号			CLD 2-29	CLD 2-30	CLD 2-31	CLD 2-32
项 目			容量（kVA 以内）			
			315	630	800	1250
计价材料	普通调和漆	kg	0.7700	0.7700	0.7700	0.7700
	清油 综合	kg	0.1200	0.1200	0.1200	0.1200
	钢锯条 各种规格	根	0.6000	0.6000	0.6000	0.6000
	其他材料费	元	2.3300	2.3300	2.3300	2.3300
机具	汽车式起重机 起重量 8t	台班	0.3864	0.4830	0.5313	0.5796
	载重汽车 5t	台班	0.3864	0.4830	0.5313	0.5796
	联合冲剪机 板厚 16mm	台班	0.0253	0.0253	0.0253	0.0253
	交流弧焊机 容量 21kVA	台班	0.4301	0.4301	0.4301	0.4301
	变压器绝缘电阻测试仪	台班	0.6762	0.8211	0.9177	1.1109
	回路电阻测试仪 量程 1~1999μΩ	台班	0.6762	0.8211	0.9177	1.1109
	介质损耗测试仪	台班	0.6762	0.8211	0.9177	1.1109
	变比测试仪	台班	0.6762	0.8212	0.9178	1.1109
	互感器现场校验仪	台班	0.6762	0.8211	0.9177	1.1109

续表

定 额 编 号			CLD 2-29	CLD 2-30	CLD 2-31	CLD 2-32
项 目			容量（kVA 以内）			
			315	630	800	1250
机具	变压器损耗测试仪	台班	0.6762	0.8211	0.9177	1.1109
	直流高压发生器 60~120kV	台班	0.6762	0.8211	0.9177	1.1109
	大电流发生器 2000A	台班	0.6762	0.8211	0.9177	1.1109
	数字万用表（数字式）	台班	0.1150	0.1150	0.1150	0.1150
	高压试验变压器全套装置 YDJ	台班	0.6762	0.8211	0.9177	1.1109
	其他机具费	元	37.8200	46.2000	51.1500	59.1300

注 未计价材料：接地材料。

2.9 35kV 箱式变电站安装

工作内容：设备就位，箱式变电站安装，接地，补漆，单体调试。

定 额 编 号			CLD 2-33	CLD 2-34	CLD 2-35	CLD 2-36
项 目			容量（kVA 以内）			
			630	2000	4000	5000
单 位			座	座	座	座
基 价 （元）			**4777.21**	**5935.19**	**7408.05**	**9653.43**
其中	人 工 费 （元）		2956.18	3798.39	4956.91	6710.63
	材 料 费 （元）		543.43	622.07	715.35	859.27
	机 具 费 （元）		1277.60	1514.73	1735.79	2083.53
名 称		单位	数 量			
人工	普通工	工日	3.6508	4.8015	6.2658	8.4826
	安装技术工	工日	15.4111	19.7291	25.7466	34.8556
计价材料	紫铜棒 φ6	kg	0.2231	0.2231	0.2565	0.3081
	紫铜皮 0.5 以下	kg	0.0884	0.0884	0.1016	0.1221
	黄铜丝 综合	kg	0.0816	0.0842	0.0967	0.1162
	铜带 200mm×0.2mm	m	0.0232	0.0255	0.0295	0.0353
	平垫铁 综合	kg	4.9098	6.9996	8.0496	9.6691
	钢垫板 综合	kg	4.6744	6.4590	7.4278	8.9223
	电焊条 J507 综合	kg	4.9006	4.9707	5.7163	6.8664

续表

定 额 编 号			CLD 2-33	CLD 2-34	CLD 2-35	CLD 2-36
项 目			容量（kVA 以内）			
			630	2000	4000	5000
计价材料	焊锡	kg	0.3767	0.3767	0.4331	0.5204
	焊锡膏	kg	0.0336	0.0336	0.0385	0.0464
	镀锌六角螺栓 综合	kg	8.9224	9.2393	10.6252	12.7629
	镀锌铁丝	kg	1.7271	1.8954	2.1797	2.6183
	红外线灯泡 220V 250W	只	0.5644	0.5644	0.6490	0.7796
	绝缘胶带 20mm×20m	卷	0.5894	0.6443	0.7409	0.8899
	绝缘胶带 20mm×40m	卷	3.7634	3.7634	4.3279	5.1987
	高电压电缆 AC50kV	m	0.2475	0.2475	0.2846	0.3418
	耐油橡胶板 8mm	kg	0.5485	0.5485	0.6309	0.7577
	聚氯乙烯塑料薄膜 0.5mm	kg	0.1097	0.1097	0.1262	0.1515
	塑料带 20mm×40m	卷	0.8106	1.0306	1.1852	1.4237
	机械油 5~7 号	kg	0.5644	0.5644	0.6490	0.7796
	电力复合脂	kg	0.5192	0.7509	0.8634	1.0373
	乙醇	kg	0.0647	0.0671	0.0771	0.0926
	清洗剂	kg	2.0277	2.2939	2.6380	3.1688
	氧气	m³	0.6095	0.7406	0.8516	1.0229
	乙炔气	m³	0.1852	0.2486	0.2859	0.3435
	防锈漆	kg	0.6954	0.8155	0.9377	1.1265

续表

定 额 编 号			CLD 2-33	CLD 2-34	CLD 2-35	CLD 2-36
项 目			容量（kVA 以内）			
			630	2000	4000	5000
计价材料	醇酸磁漆	kg	0.1383	0.2279	0.2621	0.3149
	普通调和漆	kg	0.9642	1.4645	1.6842	2.0231
	电	kW·h	53.9401	53.9401	62.0311	74.5116
	钢管脚手架　包括扣件	kg	9.6731	13.7127	15.7696	18.9424
	木脚手板　50×250×4000	块	0.0963	0.1372	0.1578	0.1894
	枕木　160×220×2500	根	0.6917	0.7588	0.8726	1.0481
	钢锯条　各种规格	根	3.8213	3.8213	4.3944	5.2786
	砂布	张	12.3340	12.7314	14.6411	17.5869
	白布	m²	1.0659	1.3347	1.5349	1.8437
	无絮棉布	kg	0.1030	0.1085	0.1248	0.1499
	棉纱头	kg	1.6656	1.7406	2.0017	2.4044
	其他材料费	元	10.6600	12.2000	14.0300	16.8500
机具	汽车式起重机　起重量　5t	台班	0.3567	0.2776	0.3164	0.3784
	汽车式起重机　起重量　8t	台班	0.0351	0.1513	0.1726	0.2063
	载重汽车　5t	台班	0.1401	0.0624	0.0711	0.0852
	载重汽车　8t	台班	0.0070	0.1065	0.1214	0.1454
	交流弧焊机　容量　21kVA	台班	0.7937	0.8143	0.9285	1.1103
	逆变直流焊机　电流　400A 以内	台班	0.2965	0.2965	0.3380	0.4041

续表

定 额 编 号		CLD 2-33	CLD 2-34	CLD 2-35	CLD 2-36
项　　　　　目		容量（kVA 以内）			
		630	2000	4000	5000
机具	电动空气压缩机　排气量　0.3m³/min　台班	0.1886	0.1886	0.2149	0.2570
	变压器绝缘电阻测试仪　台班	0.1255	0.2662	0.3037	0.3631
	回路电阻测试仪　量程　1~1999μΩ　台班	0.2713	0.3021	0.4916	0.7940
	介质损耗测试仪　台班	0.1416	0.1893	0.2159	0.2581
	综合特性测试仪（含 TA、TV）　台班	0.2643	0.3742	0.4268	0.5103
	标准电流互感器　电压等级　110kV　台班	0.2643	0.3742	0.4268	0.5103
	交流耐压仪　设备耐压用　35kV 及以下　台班	0.5453	0.6946	0.8183	0.9594
	主变分接开关测试仪　台班	0.0863	0.1332	0.1517	0.1816
	直流高压发生器　60~120kV　台班	2.9164	3.0572	3.4852	4.1684
	变压器直阻测试仪　10A　台班	0.1941	0.2410	0.2749	0.3287
	大电流发生器　2000A　台班	0.2643	0.3742	0.4268	0.5103
	交直流高压分压器　100kV　台班	1.6667	1.8861	2.1502	2.5715
	变压比电桥　台班	0.0863	0.1332	0.1517	0.1816
	其他机具费　元	37.2100	44.1200	50.5600	60.6900

注　未计价材料：接地材料。

2.10 接地变压器及消弧线圈成套装置安装

工作内容：设备就位，成套装置安装，接地，补漆，单体调试。

定 额 编 号			CLD 2-37	CLD 2-38
项 目			电压（kV）	
			10	35
单 位			台	台
基 价 （元）			**5846.89**	**7486.02**
其中	人 工 费 （元）		2472.48	3163.34
	材 料 费 （元）		67.22	91.67
	机 具 费 （元）		3307.19	4231.01
名 称		单位	数 量	
人工	普通工	工日	3.0245	3.6516
	安装技术工	工日	12.9085	16.6585
计价材料	钢垫板 综合	kg	3.9600	5.4545
	电焊条 J422 综合	kg	0.2970	0.4091
	焊锡	kg	0.0450	0.0450
	松香	kg	0.0450	0.0450
	镀锌六角螺栓 综合	kg	1.4370	1.9793
	镀锌铁丝	kg	0.9900	1.3636

续表

定 额 编 号			CLD 2-37	CLD 2-38
项 目			电压（kV）	
			10	35
计价材料	绝缘胶带 20mm×20m	卷	0.4140	0.5702
	电力复合脂	kg	0.0500	0.0689
	防锈漆	kg	0.4950	0.6818
	普通调和漆	kg	0.8240	1.1350
	砂轮切割片 φ400	片	0.0990	0.1364
	棉纱头	kg	0.4950	0.6818
	其他材料费	元	1.3200	1.8000
机具	汽车式起重机 起重量 16t	台班	0.7222	0.8623
	汽车式起重机 起重量 25t	台班	0.7222	0.8623
	载重汽车 8t	台班	0.6072	0.8623
	交流弧焊机 容量 21kVA	台班	0.5842	0.8296
	变压器绝缘电阻测试仪	台班	0.2047	0.2530
	介质损耗测试仪	台班	0.2047	0.2530
	交流耐压仪 设备耐压用 35kV 及以下	台班	0.4094	0.5060

续表

定 额 编 号			CLD 2-37	CLD 2-38
项 目			电压（kV）	
			10	35
机具	交流采样校验装置	台班	1.9044	2.6450
	变压器直阻测试仪 10A	台班	0.2047	0.2530
	微机继电保护测试仪	台班	1.1592	1.6461
	交直流高压分压器 100kV	台班	0.4094	0.5060
	液压千斤顶 起重量 100t	台班	1.1500	1.6330
	其他机具费	元	96.3300	123.2300

注 未计价材料：接地材料，软导线，金具。

2.11 10kV 干式电抗器安装

工作内容：设备就位，本体及附件安装，引下线、设备连线安装，接地，补漆，单体调试。

定 额 编 号			CLD 2-39	CLD 2-40
项 目			容量（kvar 以内）	
			1000	2000
单 位			组/三相	组/三相
基 价（元）			**1991.60**	**2167.29**
其中	人 工 费（元）		1294.98	1360.45
	材 料 费（元）		161.71	171.00
	机 具 费（元）		534.91	635.84
名 称		单位	数 量	
人工	普通工	工日	1.6498	1.7101
	安装技术工	工日	6.7178	7.0726
计价材料	等边角钢 边长50以下	kg	5.3250	5.5890
	黄铜丝 综合	kg	0.0100	0.0105
	平垫铁 综合	kg	2.5421	2.7548
	钢垫板 综合	kg	0.1458	0.1768
	电焊条 J507 综合	kg	1.8497	2.0158
	镀锌六角螺栓 综合	kg	8.9568	9.1450
	镀锌铁丝	kg	0.0385	0.0489

续表

定 额 编 号			CLD 2-39	CLD 2-40
项 目			容量（kvar 以内）	
			1000	2000
计价材料	石棉橡胶板 低压 6以下	kg	1.0125	1.1856
	塑料带 20mm×40m	卷	0.0058	0.0075
	电力复合脂	kg	0.0485	0.0594
	清洗剂	kg	0.6575	0.7024
	防锈漆	kg	0.4982	0.5284
	醇酸防锈漆	kg	0.5421	0.5985
	普通调和漆	kg	0.9845	1.0541
	钢锯条 各种规格	根	0.2891	0.3754
	砂布	张	0.0645	0.0741
	棉纱头	kg	0.0850	0.1050
	其他材料费	元	3.1700	3.3500
机具	汽车式起重机 起重量 12t	台班	0.2471	0.2929
	载重汽车 8t	台班	0.2475	0.2944
	交流弧焊机 容量 21kVA	台班	0.2846	0.3497
	高空作业车 20m 以内	台班	0.0596	0.0748
	机动绞磨 3t 以内	台班	0.0681	0.0867
	机动液压压接机 200t 以内	台班	0.1007	0.1205
	变压器绝缘电阻测试仪	台班	0.1033	0.0161

定　额　编　号			CLD 2-39	CLD 2-40
项　　　目			容量（kvar 以内）	
			1000	2000
机具	介质损耗测试仪	台班	0.0242	0.0322
	交流耐压仪　设备耐压用　35kV 及以下	台班	0.0098	0.0115
	变压器直阻测试仪　10A	台班	0.0113	0.0182
	交直流高压分压器　100kV	台班	0.0347	0.0443
	其他机具费	元	15.5800	18.5200

注　未计价材料：接地材料，软导线，金具。

2.12 35kV 干式电抗器安装

工作内容： 设备就位，本体及附件安装，引下线、设备连线安装，接地，补漆，单体调试。

定 额 编 号			CLD 2-41	CLD 2-42	CLD 2-43
项 目			容量（kvar 以内）		
			2000	6000	10000
单 位			组/三相	组/三相	组/三相
基 价 （元）			**2310.70**	**3236.76**	**3931.06**
其中	人 工 费 （元）		1436.91	1898.15	2153.82
	材 料 费 （元）		182.25	277.95	311.47
	机 具 费 （元）		691.54	1060.66	1465.77
名 称		单位	数 量		
人工	普通工	工日	1.8103	2.5281	2.9110
	安装技术工	工日	7.4674	9.7746	11.0634
计价材料	等边角钢 边长50以下	kg	6.3578	8.9350	10.2384
	黄铜丝 综合	kg	0.0136	0.0370	0.0438
	平垫铁 综合	kg	2.8914	4.9500	5.6897
	钢垫板 综合	kg	0.1768	0.2980	0.3542
	电焊条 J507 综合	kg	2.2367	3.9230	4.3674
	镀锌六角螺栓 综合	kg	9.3647	13.8641	14.5687
	镀锌铁丝	kg	0.0638	0.1430	0.1694

续表

定 额 编 号		CLD 2-41	CLD 2-42	CLD 2-43
项 目		容量（kvar 以内）		
		2000	6000	10000
计价材料 石棉橡胶板 低压 6 以下	kg	1.3240	1.9800	2.1870
塑料带 20mm×40m	卷	0.0084	0.0190	0.3541
电力复合脂	kg	0.0643	0.1600	0.1876
清洗剂	kg	0.7868	1.1670	1.1942
防锈漆	kg	0.5847	0.9750	1.3458
醇酸防锈漆	kg	0.6133	0.6721	0.7367
普通调和漆	kg	1.1234	1.6840	1.9843
钢锯条 各种规格	根	0.3864	0.4960	0.5876
砂布	张	0.0762	1.2110	1.5247
棉纱头	kg	0.1132	0.2420	0.3681
其他材料费	元	3.5700	5.4500	6.1100
机具 汽车式起重机 起重量 12t	台班	0.3029	0.4554	0.5024
载重汽车 8t	台班	0.3304	0.4554	0.5333
交流弧焊机 容量 21kVA	台班	0.3632	0.5463	0.6754
高空作业车 20m 以内	台班	0.0854	0.1301	0.1918
机动绞磨 3t 以内	台班	0.0972	0.1794	0.2481
机动液压压接机 200t 以内	台班	0.1293	0.1973	0.2721
变压器绝缘电阻测试仪	台班	0.0271	0.0679	0.1136

定 额 编 号		CLD 2-41	CLD 2-42	CLD 2-43
项 目		容量（kvar 以内）		
		2000	6000	10000
机具	介质损耗测试仪	台班	0.0399	0.1024	1.3046
	交流耐压仪 设备耐压用 35kV 及以下	台班	0.0271	0.0679	0.1136
	变压器直阻测试仪 10A	台班	0.0271	0.0679	0.1136
	交直流高压分压器 100kV	台班	0.0271	0.0679	0.1136
	其他机具费	元	20.1400	30.8900	42.6900

注 未计价材料：接地材料，软导线，金具。

第3章 配电装置

说　　明

一、本章内容

本章内容包括断路器安装、SF₆全封闭组合电器（GIS）安装、SF₆全封闭组合电器（GIS）主母线安装、SF₆全封闭组合电器进出线套管安装、复合式组合电器（HGIS）安装、隔离开关安装、互感器安装、避雷器安装、成套高压配电柜安装、环网柜安装、中性点成套设备安装、小电阻接地成套装置安装、一次设备预制舱（空舱）安装、二次设备预制舱安装。

二、未包括的工作内容

1. 组合电器的金属平台和爬梯的安装，设备支架、防雨罩、保护网的制作安装，发生时执行本册第5章相应定额子目。

2. 成套高压配电柜、环网柜外部母线安装，发生时执行本册第4章相应定额子目。

3. 舱内防火封堵，发生时执行本册第8章相应定额子目。

4. 一次设备预制舱（空舱）内设备安装，发生时执行本章相应定额子目。

5. 二次喷漆，发生时执行本册第5章相应定额子目。

6. 二次设备预制舱内设备的单体调试，发生时执行本册第5章相应定额子目。

三、工程量计算规则

1. 断路器安装等以"台"为计量单位，三相为一台。

2. SF₆全封闭组合电器（带断路器）以断路器数量计算工程量，三相为一台；SF₆全封闭组合电器（不带断路器）以母线电压互感器间隔数量计算工程量，每间隔为一台；为远景扩建方便预留的组合电器，前期先建母线及母线侧隔离开关，执行 SF_6 全封闭组合电器（不带断路器）定额，每间隔为一台。

3. SF_6 全封闭组合电器（GIS）主母线安装按中心线长度计量，以"m（三相）"为计量单位。

4. SF_6 全封闭组合电器进出线套管安装以"个"为计量单位。

5. 复合式组合电器（HGIS）安装以"台"为计量单位，三相为一台。

6. 户外双柱式隔离开关、户外三柱式隔离开关、户外单柱式隔离开关安装以"组/三相"为计量单位，三相为一组；单相接地开关安装以"台/单相"为计量单位，单相为一台。

7. 互感器安装等以"台/单相"为计量单位，单相为一台。

8. 避雷器安装等以"组/三相"为计量单位，三相为一组。

9. 成套高压配电柜安装以"台"为计量单位。

10. 空气绝缘环网柜安装以"台"为计量单位；气体绝缘环网柜安装以"套"为计量单位；户外箱式环网箱安装以"座"为计量单位。

11. 中性点成套设备安装以"套/单相"为计量单位，小电阻接地成套装置安装以"套"为计量单位。

12. 一次设备预制舱（空舱）、二次设备预制舱安装以"座"为计量单位。

四、其他说明

1. 本章除一次设备预制舱（空舱）安装、二次设备预制舱安装外均包含单体调试，不单独计列。

2. 罐式断路器安装执行同电压等级的 SF_6 断路器定额乘以系数 1.2。

3. GIS 安装高度在 10m 以上时，人工费乘以系数 1.05，机具费乘以系数 1.2。

4. GIS 安装中按塑料薄膜式简易防尘设施考虑，拼装式等防尘设施按照相应审定施工方案计列费用。

5. SF_6 全封闭组合电器采用双断口隔离开关时，定额系数不调整。

6. 110kV 及以上设备安装在户内时人工费乘以系数 1.3。

7. 过电压保护器安装执行同电压等级氧化锌避雷器安装定额子目。

8. 气体绝缘环网柜、户外箱式环网箱安装，当进线采用断路器时，相应定额乘以系数（1+0.2×进线断路器数量/设计开关间隔单元总数）。

9. 环网柜已综合考虑相应一、二次设备的安装和单体调试。

10. 二次设备预制舱由舱体、机柜、二次设备、舱体辅助设施等组成，按箱房形式整体安装考虑。

3.1 断路器安装

工作内容：设备就位，本体安装，设备连线，接地，补漆，单体调试。

定 额 编 号		CLD 3-1
项 目		真空断路器
		35kV
		户外
单 位		台
基 价（元）		**1960.50**
其中	人 工 费（元）	572.01
	材 料 费（元）	153.01
	机 具 费（元）	1235.48
名 称	单位	数 量
人工 普通工	工日	0.6729
安装技术工	工日	3.0040
计价材料 黄铜丝 综合	kg	0.0350
钢垫板 综合	kg	4.9380
电焊条 J507 综合	kg	2.8310
镀锌六角螺栓 综合	kg	9.8440
电力复合脂	kg	0.1650
乙醇	kg	0.0170

续表

定 额 编 号			CLD 3-1
项 目			真空断路器
			35kV
			户外
计价材料	清洗剂	kg	0.5490
	防锈漆	kg	0.5490
	普通调和漆	kg	0.5490
	钢锯条 各种规格	根	2.1950
	砂布	张	2.7430
	无絮棉布	kg	0.0170
	棉纱头	kg	0.5490
	其他材料费	元	3.0000
机具	汽车式起重机 起重量 5t	台班	0.4658
	汽车式起重机 起重量 16t	台班	0.0794
	载重汽车 5t	台班	0.5451
	交流弧焊机 容量 21kVA	台班	0.4658

续表

定 额 编 号			CLD 3-1
项　　　　目			真空断路器
			35kV
			户外
机具	回路电阻测试仪　量程　1~1999μΩ	台班	0.5980
	开关特性测试仪（综合）	台班	0.5980
	交流耐压仪　设备耐压用　35kV 及以下	台班	0.5980
	直流标准源	台班	0.5980
	开关断口耐压试验装置　3kVA/100kV	台班	0.3991
	交直流高压分压器　100kV	台班	0.5980
	其他机具费	元	35.9800

注　未计价材料：接地材料，软导线，金具，悬垂绝缘子。

工作内容：设备就位，本体安装，设备连线，接地，补漆，单体调试。

定　额　编　号			CLD 3-2	CLD 3-3	CLD 3-4	CLD 3-5	CLD 3-6
项　　　　目			SF$_6$断路器				
			户外				
			电压（kV）				
			35	110	220	330	500
单　　　位			台	台	台	台	台
基　价（元）			**4191.05**	**6517.22**	**10980.57**	**22914.11**	**34721.86**
其中	人　工　费（元）		1644.51	2698.68	4475.63	8437.18	14876.76
	材　料　费（元）		294.82	459.31	712.71	972.55	1367.71
	机　具　费（元）		2251.72	3359.23	5792.23	13504.38	18477.39
名　　称		单位	数　　量				
人工	普通工	工日	2.2929	3.9391	6.4999	12.9344	22.6711
	安装技术工	工日	8.4011	13.6706	22.6936	42.3333	74.7326
计价材料	等边角钢　边长50以下	kg	1.9860	8.9350	8.9350	8.9350	8.9350
	黄铜丝　综合	kg	0.0720	0.0800	0.0990	0.1330	0.4510
	平垫铁　综合	kg	1.7820	4.1610	10.0680	13.7780	21.9190
	钢垫板　综合	kg		0.2980	0.2980	0.2980	0.2980
	电焊条　J507　综合	kg	3.0000	3.0000	3.2690	3.3310	3.4770
	镀锌六角螺栓　综合	kg	11.7700	11.7700	21.4000	29.2140	44.6920
	镀锌铁丝	kg	0.1100	0.1100	0.1650	0.2200	0.2200
	电力复合脂	kg	0.1100	0.1100	0.1320	0.5500	0.5500

定 额 编 号			CLD 3-2	CLD 3-3	CLD 3-4	CLD 3-5	CLD 3-6
项 目			SF$_6$断路器				
			户外				
			电压（kV）				
			35	110	220	330	500
计价材料	乙醇	kg	0.2140	0.2140	0.5540	0.5830	1.3910
	清洗剂	kg	1.1000	1.6460	2.8810	3.9270	5.7570
	密封胶	kg	5.3460	7.1280	10.0680	11.3700	14.2470
	氧气	m^3	0.4460	0.6240	1.0070	1.0340	2.1920
	乙炔气	m^3	0.1560	0.2190	0.3530	0.3620	0.7670
	氮气	m^3	13.3650	16.0380	25.1710	51.6780	65.7560
	防锈漆	kg	0.3730	0.3730	0.4020	0.5640	0.5890
	醇酸防锈漆	kg	0.5170	0.5170	0.7700	1.5400	1.5400
	普通调和漆	kg	0.5650	0.6450	0.7030	1.0260	1.0760
	钢管脚手架 包括扣件	kg		12.5860	21.3330	29.2000	46.4430
	木脚手板 50×250×4000	块		0.1260	0.2130	0.2920	0.4640
	钢锯条 各种规格	根	0.9930	0.4960	0.4960	0.4960	0.4960
	砂布	张	2.2620	2.3830	3.6560	8.6130	8.7380
	无絮棉布	kg	0.0360	0.0360	0.0500	0.0660	0.1510
	棉纱头	kg	0.6550	0.6550	1.2710	2.1990	2.2940
	其他材料费	元	5.7800	9.0100	13.9700	19.0700	26.8200

续表

定 额 编 号			CLD 3-2	CLD 3-3	CLD 3-4	CLD 3-5	CLD 3-6
项 目			SF$_6$ 断路器				
			户外				
			电压（kV）				
			35	110	220	330	500
机具	汽车式起重机 起重量 8t	台班	0.3416	0.3416	0.6176		
	汽车式起重机 起重量 16t	台班	0.1668	0.2461	0.2530	2.7152	3.7571
	载重汽车 5t	台班	0.3381	0.5808	1.5249	2.4254	3.4351
	交流弧焊机 容量 21kVA	台班	0.4934	0.4934	0.5382	0.5474	0.5716
	高空作业车 20m 以内	台班	0.1001	0.3542	0.7843	1.2202	1.7308
	高空作业车 30m 以内	台班				1.7814	2.2724
	机动绞磨 3t 以内	台班	0.1380	0.1495	0.1806	0.5957	0.5957
	机动液压压接机 200t 以内	台班	0.1518	0.2151	0.3232	0.5923	0.5923
	回路电阻测试仪 量程 1~1999μΩ	台班	1.2466	1.6399	3.4155	6.1019	8.6526

78

续表

定 额 编 号			CLD 3-2	CLD 3-3	CLD 3-4	CLD 3-5	CLD 3-6
项　　　　目			SF₆ 断路器				
			户外				
			电压（kV）				
			35	110	220	330	500
机具	开关特性测试仪（综合）	台班	1.2466	2.0493	3.4155	6.1019	8.6526
	交流耐压仪　设备耐压用　35kV 及以下	台班	1.2466				
	SF₆ 气体充放回收装置	台班	1.3662	2.0493	3.0878	3.9618	5.0416
	直流标准源	台班	1.2466	2.4587	3.9848	6.1019	8.6526
	开关断口耐压试验装置　3kVA/100kV	台班	0.8315	0.8315	1.1385	1.5261	2.5956
	交直流高压分压器　100kV	台班	1.2466	1.2466	1.7078	2.2885	3.4615
	其他机具费	元	65.5800	97.8400	168.7100	393.3300	538.1800

注　未计价材料：接地材料，软导线，金具，悬垂绝缘子。

3.2 SF$_6$全封闭组合电器（GIS）安装

工作内容： 设备就位，本体及附件安装，真空处理，充 SF$_6$气体，分支母线安装，设备本体电缆安装，引下线安装，接地，补漆，单体调试。

定　额　编　号			CLD 3-7	CLD 3-8	CLD 3-9	CLD 3-10
			带断路器	不带断路器	带断路器	不带断路器
项　　　目			电压（kV）			
			110		220	
单　　　位			台	台	台	台
基　　价（元）			**19863.92**	**11948.04**	**27312.21**	**16586.41**
其中	人　工　费（元）		9233.54	5575.27	12029.01	7255.47
	材　料　费（元）		1017.02	695.74	1267.12	845.14
	机　具　费（元）		9613.36	5677.03	14016.08	8485.80
名　　　称		单位	数　　　量			
人工	普通工	工日	12.7906	7.7345	16.0111	9.6616
	安装技术工	工日	47.2251	28.5073	61.9506	37.3636
计价材料	等边角钢　边长50以下	kg	8.9350	8.9350	8.9350	8.9350
	黄铜丝　综合	kg	0.0780	0.0470	0.0780	0.0470
	平垫铁　综合	kg	10.1640	10.1640	15.1010	10.7010
	钢垫板　综合	kg	0.2980	0.2980	0.2980	0.2980
	电焊条　J507　综合	kg	6.6360	4.3530	9.8350	6.2680

续表

定 额 编 号			CLD 3-7	CLD 3-8	CLD 3-9	CLD 3-10
项 目			带断路器	不带断路器	带断路器	不带断路器
			电压（kV）			
			110		220	
计价材料	铜焊条	kg	0.3630	0.2180	0.6040	0.3620
	铜焊粉	kg	0.1090	0.1090	0.1510	0.1210
	镀锌六角螺栓 综合	kg	0.6190	0.6190	0.6190	0.6190
	镀锌铁丝	kg	4.3560	2.6140	5.6630	3.3980
	聚氯乙烯塑料薄膜 0.5mm	kg	12.3420	8.7120	15.1010	12.0800
	塑料胶条 10m	盘	6.1710	3.6300	7.5500	4.5300
	液压油 32 号	kg	0.7260	0.4360	0.7550	0.4530
	乙醇	kg	3.3070	2.1280	3.8150	2.2880
	丙酮 95%	kg	1.4520	0.8710	1.6610	1.2840
	清洗剂	kg	2.0140	1.2880	2.8410	1.7840
	氧气	m³	2.9040	1.7420	3.0210	1.8130
	乙炔气	m³	1.0160	0.6090	1.0570	0.6800
	防锈漆	kg	1.0730	1.0730	1.2830	1.1600
	普通调和漆	kg	1.1220	1.1220	1.3320	1.2090
	钢管脚手架 包括扣件	kg	15.3840	9.4380	17.3360	10.4040
	木脚手板 50×250×4000	块	0.1540	0.0950	0.1740	0.1050
	枕木 160×220×2500	根	2.7690	1.7420	3.4350	2.1140

续表

定 额 编 号			CLD 3-7	CLD 3-8	CLD 3-9	CLD 3-10
			带断路器	不带断路器	带断路器	不带断路器
项 目			电压（kV）			
			110		220	
计价材料	钢锯条 各种规格	根	0.4960	0.4960	0.4960	0.4960
	砂布	张	0.4960	0.4960	0.4960	0.4960
	白布	m²	7.4050	4.5010	9.0610	5.4360
	无絮棉布	kg	0.0400	0.0230	0.0400	0.0230
	棉纱头	kg	0.0990	0.0990	0.0990	0.0990
	擦拭纸	盒	10.1640	6.0980	15.1010	9.0610
	其他材料费	元	19.9400	13.6400	24.8500	16.5700
机具	汽车式起重机 起重量 12t	台班	1.8791	1.1270	0.1668	0.1012
	汽车式起重机 起重量 16t	台班			2.9314	1.7584
	载重汽车 5t	台班	0.9396	0.5647	1.6434	1.0983
	交流弧焊机 容量 21kVA	台班	1.0914	0.7165	1.6181	1.0316
	电动空气压缩机 排气量 6m³/min	台班	1.8791	1.1270	2.6048	1.5629
	高空作业车 20m 以内	台班			0.1668	0.1012
	回路电阻测试仪 量程 1~1999μΩ	台班	9.0057	5.4188	12.5408	7.5486
	开关特性测试仪（综合）	台班	7.2048		8.3617	
	SF₆ 气体充放回收装置	台班	3.8468	1.9332	4.3999	2.6404
	直流标准源	台班	7.2048	4.3355	10.0338	6.0387

续表

定 额 编 号		CLD 3-7	CLD 3-8	CLD 3-9	CLD 3-10
		带断路器	不带断路器	带断路器	不带断路器
项　　　目		电压（kV）			
		110		220	
机具	氧化锌避雷阻性电流分析仪	台班	0.4508	0.2703	0.6693	0.4025
	SF$_6$ 露点仪	台班	0.4508	0.2703	0.6693	0.4025
	直流高压发生器　200kV　3mA	台班	2.8796		3.3427	
	其他机具费	元	280.0000	165.3500	408.2400	247.1600

注　未计价材料：接地材料，软导线，金具，悬垂绝缘子。

工作内容: 设备就位,本体及附件安装,真空处理,充 SF_6 气体,分支母线安装,设备本体电缆安装,引下线安装,接地,补漆,单体调试。

定 额 编 号			CLD 3-11	CLD 3-12	CLD 3-13	CLD 3-14
项 目			带断路器	不带断路器	带断路器	不带断路器
			电压 (kV)			
			330		500	
单 位			台	台	台	台
基 价 (元)			**32393.75**	**19683.24**	**41132.05**	**24551.20**
其中	人 工 费 (元)		12242.06	7431.22	17151.11	10165.71
	材 料 费 (元)		1539.81	942.91	1603.90	1145.45
	机 具 费 (元)		18611.88	11309.11	22377.04	13240.04
名 称		单位	数 量			
人工	普通工	工日	16.6971	10.0731	22.4283	13.3079
	安装技术工	工日	62.7836	38.1521	88.5929	52.5009
计价材料	等边角钢 边长50以下	kg	8.9350	8.9350	8.9350	8.9350
	黄铜丝 综合	kg	0.0680	0.0420	0.0700	0.0420
	平垫铁 综合	kg	18.0600	10.7500	17.1740	10.0620
	钢垫板 综合	kg	0.2980	0.2980	0.2980	0.2980
	电焊条 J507 综合	kg	12.9270	8.1280	13.2110	8.1810
	铜焊条	kg	0.6460	0.3870	0.6810	0.4030
	铜焊粉	kg	0.1570	0.0880	0.2160	0.1300
	镀锌六角螺栓 综合	kg	0.6190	0.6190	0.6190	0.6190

续表

定 额 编 号			CLD 3-11	CLD 3-12	CLD 3-13	CLD 3-14
			带断路器	不带断路器	带断路器	不带断路器
项 目			电压（kV）			
			330		500	
计价材料	镀锌铁丝	kg	6.4500	3.8700	6.8160	4.0250
	聚氯乙烯塑料薄膜 0.5mm	kg	19.7800	11.8250	18.8110	11.0690
	塑料胶条 10m	盘	9.4060	4.8290	9.8900	5.8060
	液压油 32 号	kg	0.8970	0.5380	1.0230	0.6040
	乙醇	kg	4.3340	2.6010	4.8060	2.8380
	丙酮 95%	kg	2.1510	1.2900	2.3850	1.4090
	清洗剂	kg	3.4240	2.1340	4.2890	2.6140
	氧气	m³	3.9420	2.3650	4.0900	2.4150
	乙炔气	m³	1.3790	0.8600	1.4310	0.4700
	防锈漆	kg	1.6260	1.0100	1.6770	1.0220
	普通调和漆	kg	1.6750	1.0590	1.7260	1.0710
	钢管脚手架 包括扣件	kg	20.2470	14.1190	24.0990	14.0870
	木脚手板 50×250×4000	块	0.2020	0.1410	0.2410	0.1410
	枕木 160×220×2500	根	4.2600	2.4820	4.4790	3.9420
	钢锯条 各种规格	根	0.4960	0.4960	0.4960	0.4960
	砂布	张	0.4960	0.4960	0.4960	0.4960
	白布	m²	9.2880	5.3000	9.5680	5.5900

续表

定　额　编　号			CLD 3-11	CLD 3-12	CLD 3-13	CLD 3-14
			带断路器	不带断路器	带断路器	不带断路器
项　　　　目			电压（kV）			
			330		500	
计价材料	无絮棉布	kg	0.0340	0.0210	0.0350	0.0210
	棉纱头	kg	0.0990	0.0990	0.0990	0.0990
	擦拭纸	盒	17.7200	10.7330	18.6330	10.7500
	其他材料费	元	30.1900	18.4900	31.4500	22.4600
机具	汽车式起重机　起重量　12t	台班	0.3945	0.2427	0.6521	0.3841
	汽车式起重机　起重量　16t	台班	3.1890	1.9136		
	汽车式起重机　起重量　30t	台班			3.4661	2.0470
	载重汽车　5t	台班	2.1563	1.2742	2.2759	1.3168
	交流弧焊机　容量　21kVA	台班	2.1264	1.3375	2.1724	1.3444
	电动空气压缩机　排气量　6m³/min	台班	4.2516	2.5507	5.1980	3.0705
	高空作业车　20m以内	台班	1.6089	0.9718	1.8078	1.0672
	回路电阻测试仪　量程　1~1999μΩ	台班	15.7872	9.6175	16.2852	9.7152
	开关特性测试仪（综合）	台班	9.4726		11.3988	

86

续表

定 额 编 号			CLD 3-11	CLD 3-12	CLD 3-13	CLD 3-14
项　　目			带断路器	不带断路器	带断路器	不带断路器
			电压（kV）			
			330		500	
机具	SF₆ 气体充放回收装置	台班	5.8604	3.5236	6.3009	3.8353
	直流标准源	台班	11.0515	6.8011	13.0284	7.6947
	氧化锌避雷阻性电流分析仪	台班	0.7889	0.4853	0.8959	0.5290
	SF₆ 露点仪	台班	0.7889	0.4853	0.8959	0.5290
	直流高压发生器　200kV　3mA	台班		3.8722		
	直流高压发生器　400kV　3mA	台班				2.3113
	其他机具费	元	542.0900	329.3900	651.7600	385.6300

注　未计价材料：接地材料，软导线，金具，悬垂绝缘子。

3.3 SF$_6$ 全封闭组合电器（GIS）主母线安装

工作内容： 主母线吊装，连接，封闭，真空处理，充 SF$_6$ 气体，接地，补漆，单体调试。

定 额 编 号			CLD 3-15	CLD 3-16	CLD 3-17	CLD 3-18
项 目			电压（kV）			
			110	220	330	500
单 位			m（三相）	m（三相）	m（三相）	m（三相）
基 价（元）			**718.95**	**991.78**	**1191.11**	**1588.21**
其中	人 工 费（元）		384.33	514.64	618.02	920.72
	材 料 费（元）		91.85	131.14	157.33	183.60
	机 具 费（元）		242.77	346.00	415.76	483.89
名 称		单位	数 量			
人工	普通工	工日	0.7186	0.9668	1.1628	1.7253
	安装技术工	工日	1.8434	2.4654	2.9595	4.4136
计价材料	电焊条 J507 综合	kg	3.7690	5.3850	6.4620	7.5380
	铜焊条	kg	0.2700	0.3850	0.4620	0.5390
	镀锌六角螺栓 综合	kg	3.0800	4.4000	5.2800	6.1600
	镀锌铁丝	kg	0.3080	0.4400	0.5280	0.6160
	清洗剂	kg	0.1540	0.2200	0.2640	0.3080
	氧气	m^3	0.7700	1.1000	1.3200	1.5400
	乙炔气	m^3	0.2700	0.3850	0.4620	0.5390

续表

定 额 编 号			CLD 3-15	CLD 3-16	CLD 3-17	CLD 3-18
项 目			电压（kV）			
			110	220	330	500
计价材料	醇酸磁漆	kg	0.0390	0.0550	0.0660	0.0770
	普通调和漆	kg	0.3850	0.5500	0.6600	0.7700
	木脚手板　50×250×4000	块	0.0540	0.0770	0.0920	0.1080
	钢锯条　各种规格	根	3.0800	4.4000	5.2800	6.1600
	砂布	张	0.3850	0.5500	0.6600	0.7700
	棉纱头	kg	0.0460	0.0660	0.0790	0.0920
	其他材料费	元	1.8000	2.5700	3.0800	3.6000
机具	汽车式起重机　起重量　5t	台班	0.0886	0.1265	0.1518	0.1771
	汽车式起重机　起重量　30t	台班	0.0713	0.1012	0.1219	0.1415
	载重汽车　8t	台班	0.0529	0.0759	0.0909	0.1058
	交流弧焊机　容量　21kVA	台班	0.6199	0.8855	1.0626	1.2397
	其他机具费	元	7.0700	10.0800	12.1100	14.0900

注　未计价材料：接地材料。

3.4 SF$_6$全封闭组合电器进出线套管安装

工作内容：套管吊装，连接，封闭，真空处理，充 SF$_6$ 气体，接地，补漆，单体调试。

定 额 编 号		CLD 3-19	CLD 3-20	CLD 3-21	CLD 3-22
项 目		电压（kV）			
		110	220	330	500
单 位		个	个	个	个
基 价（元）		**821.19**	**1606.65**	**3307.50**	**3877.68**
其中	人 工 费（元）	135.79	232.41	667.36	924.45
	材 料 费（元）	40.44	84.33	212.18	240.76
	机 具 费（元）	644.96	1289.91	2427.96	2712.47
名 称	单位	数 量			
人工 普通工	工日	0.1776	0.3406	1.2426	1.6936
安装技术工	工日	0.7014	1.1764	3.2043	4.4569
计价材料 平垫铁 综合	kg	0.2640	0.6510	1.5840	1.8480
电焊条 J507 综合	kg	0.1850	0.4540	1.1080	1.2920
镀锌六角螺栓 综合	kg	3.2858	6.5768	16.9297	19.1737
镀锌铁丝	kg	0.0363	0.0545	0.0726	0.0726
塑料带 20mm×40m	卷	0.0160	0.0180	0.0180	0.0180
电力复合脂	kg	0.0383	0.0506	0.1965	0.2005
乙醇	kg	0.0160	0.0160	0.0160	0.0180

续表

定 额 编 号			CLD 3-19	CLD 3-20	CLD 3-21	CLD 3-22
项 目			电压（kV）			
			110	220	330	500
计价材料	清洗剂	kg	0.2343	0.5425	1.3949	1.5929
	防锈漆	kg	0.0530	0.1300	0.3170	0.3700
	醇酸防锈漆	kg	0.1706	0.2541	0.5082	0.5082
	醇酸磁漆	kg	0.0660	0.1630	0.3960	0.4620
	普通调和漆	kg	0.0790	0.1960	0.4750	0.5540
	钢管脚手架　包括扣件	kg	0.7920	1.9540	4.7520	5.5440
	木脚手板　50×250×4000	块	0.0080	0.0200	0.0480	0.0550
	钢锯条　各种规格	根	0.1060	0.2610	0.6340	0.7390
	砂布	张	0.3135	0.8705	2.7885	2.9205
	白布	m²	0.0240	0.0580	0.1430	0.1660
	无絮棉布	kg	0.0160	0.0160	0.0160	0.0180
	棉纱头	kg	0.0363	0.0545	0.1815	0.1815
	其他材料费	元	0.7900	1.6500	4.1600	4.7200
机具	汽车式起重机　起重量　16t	台班	0.0230	0.0552	0.1369	0.1599
	汽车式起重机　起重量　30t	台班	0.0460	0.1127	0.2737	0.3186
	载重汽车　5t	台班	0.1794	0.3278	0.4612	0.5118
	载重汽车　12t	台班	0.0230	0.0552	0.1369	0.1599
	交流弧焊机　容量　21kVA	台班	0.0299	0.0748	0.1817	0.2128

91

续表

定 额 编 号			CLD 3-19	CLD 3-20	CLD 3-21	CLD 3-22
项 目			电压（kV）			
			110	220	330	500
机具	高空作业车　20m 以内	台班	0.0357	0.0710		
	高空作业车　30m 以内	台班	0.2174	0.4232	0.8867	0.9764
	机动绞磨　3t 以内	台班	0.0493	0.0596	0.1965	0.1965
	机动液压压接机　200t 以内	台班	0.0710	0.1066	0.1955	0.1955
	介质损耗测试仪	台班	0.1794	0.2461	0.2760	0.3071
	油耐压试验仪	台班	0.0713	0.1633	0.1840	0.2047
	绝缘电阻测试仪　2500～10000V　2mA 以上	台班	0.0357	0.1633	0.2760	0.3071
	其他机具费	元	18.7900	37.5700	70.7200	79.0000

注　未计价材料：接地材料。

3.5 复合式组合电器（HGIS）安装

工作内容：设备就位，本体及附件安装，真空处理，充 SF_6 气体，设备本体电缆安装，引下线安装，接地，补漆，单体调试。

定 额 编 号			CLD 3-23	CLD 3-24	CLD 3-25	CLD 3-26
项 目			复合式组合电器（HGIS）			
			电压（kV）			
			110	220	330	500
单 位			台	台	台	台
基 价（元）			**12119.72**	**20911.44**	**27360.59**	**34111.62**
其中	人 工 费（元）		4379.94	7365.71	10916.08	13994.99
	材 料 费（元）		343.65	612.52	729.50	953.90
	机 具 费（元）		7396.13	12933.21	15715.01	19162.73
名 称		单位	数 量			
人工	普通工	工日	5.1738	8.8124	14.3584	18.4083
	安装技术工	工日	22.9879	38.5853	56.3314	72.2198
计价材料	等边角钢 边长50以下	kg	8.9350	8.9350	8.9350	8.9350
	黄铜丝 综合	kg	0.0540	0.0620	0.0663	0.0750
	钢垫板 综合	kg	0.2980	0.2980	0.2980	0.2980
	电焊条 J507 综合	kg	0.9230	0.9230	0.9230	0.9230
	镀锌六角螺栓 综合	kg	3.7760	3.7760	8.3408	11.1210

续表

定 额 编 号		CLD 3-23	CLD 3-24	CLD 3-25	CLD 3-26
项 目		复合式组合电器（HGIS）			
		电压（kV）			
		110	220	330	500
计价材料	镀锌铁丝　　　　　　　　kg	0.7610	1.2630	1.4258	1.9010
	聚氯乙烯塑料薄膜　0.5mm　kg		8.7810	10.0733	13.4310
	凡士林　　　　　　　　　kg	0.1090	0.1830	0.2093	0.2790
	电力复合脂　　　　　　　kg	0.2280	0.3620	0.6398	0.8530
	乙醇　　　　　　　　　　kg	1.3270	2.2280	2.5410	3.3880
	丙酮　95%　　　　　　　kg	0.6510	1.0980	1.2608	1.6810
	清洗剂　　　　　　　　　kg	1.6110	2.6150	3.1410	4.1880
	防锈漆　　　　　　　　　kg	0.1500	0.1500	0.1500	0.1500
	醇酸防锈漆　　　　　　　kg	0.5170	1.0230	1.1550	1.5400
	普通调和漆　　　　　　　kg	1.1750	1.8460	2.0385	2.7180
	枕木　160×220×2500　　根	1.4080	2.3790	2.7285	3.6380
	钢锯条　各种规格　　　　根	0.4960	0.4960	0.4960	0.4960
	砂布　　　　　　　　　　张	1.0460	2.6960	4.9095	6.5460
	白布　　　　　　　　　　m²	1.3000	2.1970	2.5178	3.3570
	无絮棉布　　　　　　　　kg	0.0260	0.0310	0.0310	0.0310
	棉纱头　　　　　　　　　kg	0.8600	1.4170	1.7475	2.3300
	其他材料费　　　　　　　元	6.7400	12.0100	14.3000	18.7000

定 额 编 号			CLD 3-23	CLD 3-24	CLD 3-25	CLD 3-26
项 目			复合式组合电器（HGIS）			
			电压（kV）			
			110	220	330	500
机具	汽车式起重机 起重量 5t	台班	0.5037	0.8499	1.0647	1.2984
	汽车式起重机 起重量 8t	台班		0.1415	0.4564	0.5566
	汽车式起重机 起重量 30t	台班	0.7544	1.2765	1.5946	1.9447
	载重汽车 5t	台班	0.5037	1.2052	1.7493	2.1333
	真空泵 抽气速度 1800m³/h	台班	1.5698	2.6554	3.3203	4.0492
	交流弧焊机 容量 21kVA	台班	0.1518	0.1518	0.1518	0.1518
	电动空气压缩机 排气量 6m³/min	台班	1.5077	2.5496	3.1902	3.8905
	高空作业车 20m 以内	台班	0.5118	1.0373	0.7073	0.8625
	高空作业车 30m 以内	台班			0.4856	0.5923
	机动绞磨 3t 以内	台班	0.1495	0.2266	0.4885	0.5957
	机动液压压接机 200t 以内	台班	0.2151	0.3772	0.4856	0.5923
	回路电阻测试仪 量程 1~1999μΩ	台班	6.1364	10.6456	11.4103	13.9150

续表

定 额 编 号			CLD 3-23	CLD 3-24	CLD 3-25	CLD 3-26
项 目			复合式组合电器（HGIS）			
			电压（kV）			
			110	220	330	500
机具	开关特性测试仪（综合）	台班	4.9094	7.0967	7.9872	9.7405
	SF_6 气体充放回收装置	台班	1.6319	2.7980	3.8908	4.7449
	直流标准源	台班	4.9094	8.5158	9.1282	11.1320
	氧化锌避雷阻性电流分析仪	台班	0.3071	0.5681	0.6280	0.7659
	SF_6 露点仪	台班	0.3071	0.5681	0.6280	0.7659
	其他机具费	元	215.4200	376.7000	457.7200	558.1400

注　未计价材料：接地材料，软导线，金具，悬垂绝缘子。

3.6 隔离开关安装

3.6.1 户外双柱式隔离开关安装

工作内容：设备就位，本体安装，设备连线，引下线安装，接地，补漆，单体调试。

定 额 编 号		CLD 3-27	CLD 3-28	CLD 3-29
项　　　目		35kV		
		三相	三相带接地	三相带双接地
单　　　位		组/三相	组/三相	组/三相
基　　价（元）		**1293.59**	**1379.62**	**1570.20**
其中	人　工　费（元）	690.97	762.28	875.74
	材　料　费（元）	85.79	90.39	101.41
	机　具　费（元）	516.83	526.95	593.05
名　　　称	单位	数　　　量		
人工	普通工	工日	1.1301	1.2346	1.4045
	安装技术工	工日	3.4204	3.7814	4.3533
计价材料	平垫铁　综合	kg	1.2540	1.2540	1.5050
	电焊条 J507　综合	kg	1.0770	1.6150	1.9380
	镀锌六角螺栓　综合	kg	5.8150	5.8150	6.3460
	镀锌铁丝	kg	0.1100	0.1100	0.1100
	电力复合脂	kg	0.1630	0.1630	0.1730
	乙醇	kg	0.0330	0.0370	0.0440

续表

定 额 编 号			CLD 3-27	CLD 3-28	CLD 3-29
项 目			35kV		
			三相	三相带接地	三相带双接地
计价材料	清洗剂	kg	0.2670	0.2670	0.2980
	防锈漆	kg	0.3140	0.3140	0.3760
	醇酸防锈漆	kg	0.5170	0.5170	0.5170
	普通调和漆	kg	0.3140	0.3140	0.3760
	钢锯条 各种规格	根	2.6130	3.1350	3.7620
	砂布	张	1.5950	1.5950	1.8040
	无絮棉布	kg	0.0330	0.0370	0.0440
	棉纱头	kg	0.3190	0.3190	0.3610
	其他材料费	元	1.6800	1.7700	1.9900
机具	汽车式起重机 起重量 5t	台班	0.1771	0.1771	0.2128
	交流弧焊机 容量 21kVA	台班	0.1771	0.2657	0.3186
	高空作业车 20m 以内	台班	0.1081	0.1001	0.1001
	机动绞磨 3t 以内	台班	0.1495	0.1380	0.1380

续表

定 额 编 号		CLD 3-27	CLD 3-28	CLD 3-29
项 目		35kV		
		三相	三相带接地	三相带双接地
机具	机动液压压接机　200t 以内　台班	0.2151	0.1518	0.1518
	回路电阻测试仪　量程　1~1999μΩ　台班	0.4451	0.5037	0.5934
	交流耐压仪　设备耐压用　35kV 及以下　台班	0.3715	0.4198	0.4945
	直流标准源　台班	0.3715	0.4198	0.4945
	交直流高压分压器　100kV　台班	0.3715	0.4198	0.4945
	其他机具费　元	15.0500	15.3500	17.2700

注　未计价材料：接地材料，软导线，金具，悬垂绝缘子。

工作内容：设备就位，本体安装，设备连线，引下线安装，接地，补漆，单体调试。

定　额　编　号		CLD 3-30	CLD 3-31	CLD 3-32
项　　　　目		110kV		
		三相	三相带接地	三相带双接地
单　　　　位		组/三相	组/三相	组/三相
基　　价（元）		**1811. 37**	**1942. 37**	**2022. 45**
其中	人　工　费（元）	916. 38	1027. 35	1094. 06
	材　料　费（元）	140. 34	141. 09	141. 31
	机　具　费（元）	754. 65	773. 93	787. 08
名　　　称	单位	数　　　量		
人工	普通工	工日	1.4306	1.6200	1.7246
	安装技术工	工日	4.5810	5.1251	5.4583
计价材料	平垫铁　综合	kg	2.0900	2.0900	2.0900
	电焊条　J507　综合	kg	2.9620	2.9620	2.9620
	镀锌六角螺栓　综合	kg	10. 2000	10. 2000	10. 2000
	镀锌铁丝	kg	0. 1100	0. 1100	0. 1100
	电力复合脂	kg	0. 1630	0. 1630	0. 1630
	乙醇	kg	0. 0340	0. 0370	0. 0390
	清洗剂	kg	0. 3190	0. 3190	0. 3190
	防锈漆	kg	0. 4180	0. 4180	0. 4180
	醇酸防锈漆	kg	0. 5170	0. 5170	0. 5170
	普通调和漆	kg	0. 4180	0. 4180	0. 4180

续表

定 额 编 号			CLD 3-30	CLD 3-31	CLD 3-32
项 目			110kV		
			三相	三相带接地	三相带双接地
计价材料	钢锯条 各种规格	根	2.6130	3.1350	3.1350
	砂布	张	1.5950	1.5950	1.8040
	无絮棉布	kg	0.0340	0.0370	0.0390
	棉纱头	kg	0.3190	0.3190	0.3190
	其他材料费	元	2.7500	2.7700	2.7700
机具	汽车式起重机 起重量 5t	台班	0.2657	0.2657	0.2657
	载重汽车 5t	台班	0.1771	0.1771	0.1771
	交流弧焊机 容量 21kVA	台班	0.4876	0.4876	0.4876
	高空作业车 20m 以内	台班	0.1081	0.1081	0.1081
	机动绞磨 3t 以内	台班	0.1495	0.1495	0.1495
	机动液压压接机 200t 以内	台班	0.2151	0.2151	0.2151
	回路电阻测试仪 量程 1~1999μΩ	台班	0.6199	0.6705	0.7050
	直流标准源	台班	0.6199	0.6705	0.7050
	交直流高压分压器 100kV	台班	0.6199	0.6705	0.7050
	其他机具费	元	21.9800	22.5400	22.9200

注 未计价材料：接地材料，软导线，金具，悬垂绝缘子。

工作内容： 设备就位，本体安装，设备连线，引下线安装，接地，补漆，单体调试。

定 额 编 号		CLD 3-33	CLD 3-34	CLD 3-35
项　目		220kV		
		三相	三相带接地	三相带双接地
单　位		组／三相	组／三相	组／三相
基　价（元）		**4849.63**	**5160.83**	**5430.99**
其中	人 工 费（元）	2880.72	3120.80	3348.23
	材 料 费（元）	368.52	387.65	391.01
	机 具 费（元）	1600.39	1652.38	1691.75
名　称	单位	数　量		
人工　普通工	工日	4.5859	4.9451	5.2979
安装技术工	工日	14.3425	15.5529	16.6913
计价材料　平垫铁 综合	kg	2.0900	2.0900	2.0900
电焊条 J507 综合	kg	3.7690	3.7690	3.7690
镀锌六角螺栓 综合	kg	19.5650	19.5650	19.5650
镀锌铁丝	kg	0.2200	0.2200	0.2200
电力复合脂	kg	0.6550	2.1180	2.1180
乙醇	kg	0.0610	0.0670	0.0710
清洗剂	kg	1.1500	1.1500	1.1500
防锈漆	kg	0.4180	0.4180	0.4180
醇酸防锈漆	kg	1.5400	1.5400	1.5400
普通调和漆	kg	0.4180	0.4180	0.4180

续表

定 额 编 号			CLD 3-33	CLD 3-34	CLD 3-35
项　　目			220kV		
			三相	三相带接地	三相带双接地
计价材料	钢管脚手架　包括扣件	kg	19.6780	19.6780	19.6780
	木脚手板　50×250×4000	块	0.1970	0.1970	0.1970
	钢锯条　各种规格	根	2.6130	1.0450	3.1350
	砂布	张	5.4450	5.4450	5.9680
	无絮棉布	kg	0.0610	0.0670	0.0710
	棉纱头	kg	0.8640	0.8640	0.8640
	其他材料费	元	7.2300	7.6000	7.6700
机具	汽车式起重机　起重量　5t	台班	0.4428	0.4428	0.4428
	载重汽车　5t	台班	0.2220	0.2220	0.2220
	交流弧焊机　容量　21kVA	台班	0.6199	0.6199	0.6199
	高空作业车　20m 以内	台班	0.3232	0.3232	0.3232
	机动绞磨　3t 以内	台班	0.3623	0.3623	0.3623
	机动液压压接机　200t 以内	台班	0.5382	0.5382	0.5382
	回路电阻测试仪　量程　1~1999μΩ	台班	2.0804	2.2747	2.4196
	直流标准源	台班	1.3869	1.5157	1.6135
	交直流高压分压器　100kV	台班	1.3869	1.5157	1.6135
	其他机具费	元	46.6100	48.1300	49.2700

注　未计价材料：接地材料，软导线，金具，悬垂绝缘子。

工作内容：设备就位，本体安装，设备连线，引下线安装，接地，补漆，单体调试。

定 额 编 号			CLD 3-36	CLD 3-37	CLD 3-38
项 目			330kV		
			三相	三相带接地	三相带双接地
单 位			组/三相	组/三相	组/三相
基 价（元）			**6618.13**	**6985.33**	**7311.18**
其中	人 工 费（元）		3689.72	3958.84	4224.29
	材 料 费（元）		419.04	444.92	445.94
	机 具 费（元）		2509.37	2581.57	2640.95
名 称		单位	数 量		
人工	普通工	工日	6.4606	6.8918	7.3229
	安装技术工	工日	17.9850	19.3231	20.6391
计价材料	平垫铁 综合	kg	2.5080	2.5080	2.5080
	电焊条 J507 综合	kg	4.5230	4.5230	4.5230
	镀锌六角螺栓 综合	kg	21.3790	21.3790	21.3790
	镀锌铁丝	kg	0.2200	0.2200	0.2200
	电力复合脂	kg	0.6750	2.4310	2.4310
	乙醇	kg	0.0260	0.0280	0.0300
	清洗剂	kg	1.2540	1.2540	1.2540
	防锈漆	kg	0.5020	0.5020	0.5020
	醇酸防锈漆	kg	1.5400	1.5400	1.5400
	普通调和漆	kg	0.5020	0.5020	0.5020

续表

定 额 编 号			CLD 3-36	CLD 3-37	CLD 3-38
项　　　　目			330kV		
			三相	三相带接地	三相带双接地
计价材料	钢管脚手架　包括扣件	kg	23.6130	23.6130	23.6130
	木脚手板　50×250×4000	块	0.2360	0.2360	0.2360
	钢锯条　各种规格	根	3.1350	3.4540	3.7620
	砂布	张	7.3040	7.3040	7.9310
	无絮棉布	kg	0.0260	0.0280	0.0300
	棉纱头	kg	0.9260	0.9260	0.9260
	其他材料费	元	8.2200	8.7200	8.7400
机具	汽车式起重机　起重量　5t	台班	0.5313	0.5313	0.5313
	载重汽车　5t	台班	0.2657	0.2657	0.2657
	交流弧焊机　容量　21kVA	台班	0.7441	0.7441	0.7441
	高空作业车　20m 以内	台班	0.0598	0.0644	0.0690
	高空作业车　30m 以内	台班	0.5923	0.5923	0.5923

续表

定　额　编　号			CLD 3-36	CLD 3-37	CLD 3-38
项　　　　目			330kV		
			三相	三相带接地	三相带双接地
机具	机动绞磨　3t 以内	台班	0.5957	0.5957	0.5957
	机动液压压接机　200t 以内	台班	0.5923	0.5923	0.5923
	回路电阻测试仪　量程　1～1999μΩ	台班	2.0114	2.1931	2.3403
	直流标准源	台班	2.0114	2.1931	2.3403
	交直流高压分压器　100kV	台班	1.7745	1.9355	2.0643
	其他机具费	元	73.0900	75.1900	76.9200

注　未计价材料：接地材料，软导线，金具，悬垂绝缘子。

工作内容：设备就位，本体安装，设备连线，引下线安装，接地，补漆，单体调试。

定 额 编 号		CLD 3-39	CLD 3-40	CLD 3-41	CLD 3-42
项 目		500kV			
		三相	三相带接地	三相带双接地	三相带三接地
单 位		组/三相	组/三相	组/三相	组/三相
基 价 （元）		**15841.07**	**16432.45**	**16765.00**	**17053.63**
其中	人 工 费 （元）	8070.49	8567.90	8854.83	9097.43
	材 料 费 （元）	623.17	628.33	629.77	631.20
	机 具 费 （元）	7147.41	7236.22	7280.40	7325.00
名 称	单位	数 量			
人工 普通工	工日	12.6463	13.4586	13.9444	14.3380
安装技术工	工日	40.3135	42.7766	44.1861	45.3891
计价材料 平垫铁 综合	kg	15.6750	15.6750	15.6750	15.6750
电焊条 J507 综合	kg	6.1540	6.1540	6.1540	6.1540
镀锌六角螺栓 综合	kg	19.3800	19.3800	19.3800	19.3800
镀锌铁丝	kg	0.2200	0.2200	0.2200	0.2200
电力复合脂	kg	0.7590	0.8120	0.8120	0.8120
乙醇	kg	0.0710	0.0740	0.0760	0.0770
清洗剂	kg	1.4630	1.4630	1.4630	1.4630
防锈漆	kg	0.5230	0.7320	0.7320	0.7320
醇酸防锈漆	kg	1.5400	1.5400	1.5400	1.5400
普通调和漆	kg	2.0900	2.0900	2.0900	2.0900

续表

定 额 编 号			CLD 3-39	CLD 3-40	CLD 3-41	CLD 3-42
项 目			500kV			
			三相	三相带接地	三相带双接地	三相带三接地
计价材料	钢管脚手架 包括扣件	kg	39.6680	39.6680	39.6680	39.6680
	木脚手板 50×250×4000	块	0.3970	0.3970	0.3970	0.3970
	钢锯条 各种规格	根	10.4500	11.4950	12.5400	13.5850
	砂布	张	8.1400	8.6630	8.6630	8.6630
	无絮棉布	kg	0.0710	0.0740	0.0760	0.0770
	棉纱头	kg	1.0730	1.0730	1.0730	1.0730
	其他材料费	元	12.2200	12.3200	12.3500	12.3800
机具	汽车式起重机 起重量 5t	台班	0.4048	0.4048	0.4048	0.4048
	汽车式起重机 起重量 16t	台班	1.0120	1.0120	1.0120	1.0120
	载重汽车 5t	台班	0.5060	0.5060	0.5060	0.5060
	交流弧焊机 容量 21kVA	台班	1.0120	1.0120	1.0120	1.0120
	高空作业车 20m以内	台班	0.1622	0.1691	0.1725	0.1760

续表

定 额 编 号			CLD 3-39	CLD 3-40	CLD 3-41	CLD 3-42
项 目			500kV			
			三相	三相带接地	三相带双接地	三相带三接地
机具	高空作业车 30m 以内	台班	1.9378	1.9378	1.9378	1.9378
	机动绞磨 3t 以内	台班	0.5957	0.5957	0.5957	0.5957
	机动液压压接机 200t 以内	台班	0.5923	0.5923	0.5923	0.5923
	回路电阻测试仪 量程 1~1999μΩ	台班	5.5200	5.7397	5.8489	5.9593
	直流标准源	台班	5.5200	5.7397	5.8489	5.9593
	交直流高压分压器 100kV	台班	4.8714	5.0646	5.1612	5.2578
	其他机具费	元	208.1800	210.7600	212.0500	213.3500

注 未计价材料：接地材料，软导线，金具，悬垂绝缘子。

3.6.2 户外三柱式隔离开关安装

工作内容：设备就位，本体安装，设备连线，引下线安装，接地，补漆，单体调试。

定 额 编 号			CLD 3-43	CLD 3-44	CLD 3-45
项　　　　目			220kV		
			三相	三相带接地	三相带双接地
单　　　　位			组/三相	组/三相	组/三相
基　　价（元）			**4471.60**	**4874.44**	**5079.82**
其中	人　工　费（元）		2357.86	2695.53	2868.71
	材　料　费（元）		471.75	480.34	482.38
	机　具　费（元）		1641.99	1698.57	1728.73
名　　　称		单位	数　　量		
人工	普通工	工日	3.6451	4.1808	4.4421
	安装技术工	工日	11.8105	13.4929	14.3646
计价材料	平垫铁　综合	kg	4.1800	4.1800	4.1800
	电焊条　J507　综合	kg	5.3850	5.3850	5.3850
	镀锌六角螺栓　综合	kg	14.4150	14.4150	14.4150
	镀锌铁丝	kg	0.2200	0.2200	0.2200
	机械油 5~7 号	kg	0.1050	0.1570	0.1570
	电力复合脂	kg	0.6550	0.7070	0.7070
	乙醇	kg	0.0590	0.0650	0.0680
	清洗剂	kg	0.9410	0.9410	1.0450
	防锈漆	kg	0.3140	0.5230	0.5230

续表

定 额 编 号			CLD 3-43	CLD 3-44	CLD 3-45
项　　目			220kV		
			三相	三相带接地	三相带双接地
计价材料	醇酸防锈漆	kg	1.5400	1.5400	1.5400
	普通调和漆	kg	0.3140	0.5230	0.5230
	钢管脚手架　包括扣件	kg	38.5610	38.5610	38.5610
	木脚手板　50×250×4000	块	0.3860	0.3860	0.3860
	钢锯条　各种规格	根	8.3600	9.4050	10.4500
	砂布	张	5.4450	5.9680	6.2810
	无絮棉布	kg	0.0590	0.0650	0.0680
	棉纱头	kg	0.8640	0.8640	0.8640
	其他材料费	元	9.2500	9.4200	9.4600
机具	汽车式起重机　起重量　5t	台班	0.5313	0.5313	0.5313
	载重汽车　5t	台班	0.1771	0.1771	0.1771
	交流弧焊机　容量21kVA	台班	0.8855	0.8855	0.8855

定　额　编　号		CLD 3-43	CLD 3-44	CLD 3-45
项　　　目		220kV		
		三相	三相带接地	三相带双接地
机具	高空作业车　20m 以内	台班	0.3232	0.3232	0.3232
	机动绞磨　3t 以内	台班	0.3623	0.3623	0.3623
	机动液压压接机　200t 以内	台班	0.5382	0.5382	0.5382
	回路电阻测试仪　量程　1~1999μΩ	台班	1.9999	2.2103	2.3230
	直流标准源	台班	1.3329	1.4732	1.5479
	交直流高压分压器　100kV	台班	1.3329	1.4732	1.5479
	其他机具费	元	47.8300	49.4700	50.3500

注　未计价材料：接地材料，软导线，金具，悬垂绝缘子。

工作内容：设备就位，本体安装，设备连线，引下线安装，接地，补漆，单体调试。

定　额　编　号			CLD 3-46	CLD 3-47	CLD 3-48
项　　　　　目			330kV		
			三相	三相带接地	三相带双接地
单　　　位			组／三相	组／三相	组／三相
基　　价（元）			**14483. 46**	**14853. 97**	**16262. 22**
其中	人　工　费（元）		5777. 34	6071. 04	6791. 85
	材　料　费（元）		605. 02	609. 36	647. 98
	机　具　费（元）		8101. 10	8173. 57	8822. 39
名　　　称		单位	数　　量		
人工	普通工	工日	9. 6224	10. 0928	11. 1836
	安装技术工	工日	28. 4849	29. 9453	33. 5713
计价材料	平垫铁　综合	kg	6. 9300	6. 9300	7. 6230
	电焊条　J507　综合	kg	6. 9230	6. 9230	7. 6150
	镀锌六角螺栓　综合	kg	24. 7110	24. 7110	25. 0820
	镀锌铁丝	kg	0. 4400	0. 4400	0. 4400
	机械油 5~7 号	kg	0. 0990	0. 1490	0. 1640
	电力复合脂	kg	1. 2490	1. 2980	1. 3180
	乙醇	kg	0. 0610	0. 0630	0. 0710
	清洗剂	kg	1. 7490	1. 8480	1. 9070
	防锈漆	kg	0. 4950	0. 5940	0. 6530
	醇酸防锈漆	kg	3. 0800	3. 0800	3. 0800

定额编号			CLD 3-46	CLD 3-47	CLD 3-48
项目			330kV		
			三相	三相带接地	三相带双接地
计价材料	普通调和漆	kg	1.4850	1.4850	1.6340
	钢管脚手架 包括扣件	kg	32.6300	32.6300	35.8930
	木脚手板 50×250×4000	块	0.3260	0.3260	0.3590
	钢锯条 各种规格	根	7.9200	8.9100	10.8900
	砂布	张	13.5850	14.0800	14.8230
	无絮棉布	kg	0.0610	0.0630	0.0710
	棉纱头	kg	1.5950	1.5950	1.6450
	其他材料费	元	11.8600	11.9500	12.7100
机具	汽车式起重机 起重量 5t	台班	0.2277	0.2277	0.2507
	汽车式起重机 起重量 16t	台班	1.1385	1.1385	1.2524
	载重汽车 5t	台班	0.2852	0.2852	0.3140
	交流弧焊机 容量 21kVA	台班	1.1385	1.1385	1.2524
	高空作业车 20m 以内	台班	0.1392	0.1438	0.1622

续表

定 额 编 号			CLD 3-46	CLD 3-47	CLD 3-48
项 目			330kV		
			三相	三相带接地	三相带双接地
机具	高空作业车 30m 以内	台班	2.6991	2.6991	2.8509
	机动绞磨 3t 以内	台班	1.1914	1.1914	1.1914
	机动液压压接机 200t 以内	台班	1.1845	1.1845	1.1845
	回路电阻测试仪 量程 1~1999μΩ	台班	4.7162	4.8990	5.5200
	直流标准源	台班	4.7162	4.8990	5.5200
	交直流高压分压器 100kV	台班	4.1619	4.3229	4.8714
	其他机具费	元	235.9500	238.0700	256.9600

注 未计价材料：接地材料，软导线，金具，悬垂绝缘子。

工作内容： 设备就位，本体安装，设备连线，引下线安装，接地，补漆，单体调试。

定 额 编 号		CLD 3-49	CLD 3-50	CLD 3-51	CLD 3-52
项 目		500kV			
		三相	三相带接地	三相带双接地	三相带三接地
单 位		组/三相	组/三相	组/三相	组/三相
基 价（元）		**18476.46**	**19393.62**	**20054.61**	**21608.78**
其中	人 工 费（元）	9599.03	10046.62	10356.73	11342.50
	材 料 费（元）	699.14	742.80	786.36	831.29
	机 具 费（元）	8178.29	8604.20	8911.52	9434.99
名 称	单位	数 量			
人工 普通工	工日	15.9041	16.6495	17.1855	18.6511
安装技术工	工日	47.3824	49.5893	51.1055	56.0815
计价材料 平垫铁 综合	kg	15.6730	16.6160	17.5590	17.7740
电焊条 J507 综合	kg	5.7620	6.0380	6.2040	6.4150
镀锌六角螺栓 综合	kg	30.5040	30.6350	30.7670	31.2560
镀锌铁丝	kg	0.4400	0.4400	0.4400	0.4400
机械油5~7号	kg	0.1120	0.1670	0.1710	0.1780
电力复合脂	kg	1.3230	1.3770	1.3860	1.4150
乙醇	kg	0.0740	0.0760	0.0780	0.0840
清洗剂	kg	2.0380	2.1410	2.2420	2.3490
防锈漆	kg	0.5590	0.6000	0.6580	0.6830
醇酸防锈漆	kg	3.0800	3.0800	3.0800	3.0800

116

续表

定 额 编 号			CLD 3-49	CLD 3-50	CLD 3-51	CLD 3-52
项 目			500kV			
			三相	三相带接地	三相带双接地	三相带三接地
计价材料	普通调和漆	kg	2.2360	2.2480	3.2950	3.8370
	钢管脚手架 包括扣件	kg	31.1430	36.2490	39.1560	44.0400
	木脚手板 50×250×4000	块	0.3110	0.3630	0.3920	0.4180
	钢锯条 各种规格	根	11.1820	12.1850	13.1670	14.0000
	砂布	张	14.3360	14.8700	15.3930	16.0150
	无絮棉布	kg	0.0740	0.0760	0.0780	0.0840
	棉纱头	kg	1.5160	1.5880	1.6490	1.6740
	其他材料费	元	13.7100	14.5600	15.4200	16.3000
机具	汽车式起重机 起重量 5t	台班	0.3485	0.4060	0.4658	0.4750
	汽车式起重机 起重量 16t	台班	0.9154	1.0327	1.0615	1.1040
	载重汽车 5t	台班	0.4750	0.4819	0.5037	0.5129
	交流弧焊机 容量 21kVA	台班	0.9476	0.9511	0.9683	0.9844
	高空作业车 20m 以内	台班	0.1679	0.1737	0.1760	0.1909

续表

定额编号			CLD 3-49	CLD 3-50	CLD 3-51	CLD 3-52
项目			500kV			
			三相	三相带接地	三相带双接地	三相带三接地
机具	高空作业车 30m 以内	台班	2.5392	2.6531	2.7669	2.9348
	机动绞磨 3t 以内	台班	1.1914	1.1914	1.1914	1.1914
	机动液压压接机 200t 以内	台班	1.1845	1.1845	1.1845	1.1845
	回路电阻测试仪 量程 1~1999μΩ	台班	5.7029	5.8857	5.9961	6.5079
	直流标准源	台班	5.7029	5.8857	5.9961	6.5079
	交直流高压分压器 100kV	台班	5.0324	5.1934	5.2900	5.7420
	其他机具费	元	238.2000	250.6100	259.5600	274.8100

注 未计价材料：接地材料，软导线，金具，悬垂绝缘子。

3.6.3 户外单柱式隔离开关安装

工作内容：设备就位，本体安装，设备连线，引下线安装，接地，补漆，单体调试。

定　额　编　号		单位	CLD 3-53	CLD 3-54	CLD 3-55	CLD 3-56	CLD 3-57	CLD 3-58	CLD 3-59	CLD 3-60
项　　目			110kV		220kV		330kV		500kV	
			三相	三相带双接地	三相	三相带双接地	三相	三相带双接地	三相	三相带双接地
单　　位			组/三相	组/三相	组/三相	组/三相	组/三相	组/三相	组/三相	组/三相
基　　价（元）			**4889.42**	**5011.71**	**8871.04**	**9108.11**	**16365.33**	**16651.14**	**20826.88**	**21636.46**
其中	人　工　费（元）		2219.55	2322.52	3548.07	3749.93	7191.58	7431.30	10875.57	11562.77
	材　料　费（元）		137.05	137.09	258.39	258.86	418.17	419.66	464.98	468.72
	机　具　费（元）		2532.82	2552.10	5064.58	5099.32	8755.58	8800.18	9486.33	9604.97
名　　称		单位	数　　　量							
人工	普通工	工日	2.9004	3.1095	4.8145	5.1019	13.3459	13.8031	18.1403	19.2625
	安装技术工	工日	11.4663	11.9493	18.2126	19.2399	34.5595	35.7034	53.6041	57.0070
计价材料	平垫铁　综合	kg	1.8770	1.8770	2.3450	2.3450	3.7520	3.7520	7.5040	7.5040
	电焊条　J507　综合	kg	5.2460	5.2460	6.5620	6.5620	6.5620	6.5620	7.8690	7.8690
	镀锌六角螺栓　综合	kg	6.3470	6.3470	14.9140	14.9140	27.1730	27.1730	27.8370	27.8370
	镀锌铁丝	kg	0.1100	0.1100	0.2200	0.2200	0.4400	0.4400	0.4400	0.4400
	液压油32号	kg	0.7500	0.7500	1.1250	1.1250	1.6890	1.8770	2.3450	2.8140
	电力复合脂	kg	0.2040	0.2040	0.7380	0.7380	1.5690	1.5690	1.5690	1.5690
	乙醇	kg	0.2000	0.2030	0.2940	0.2970	0.5360	0.5370	0.5470	0.5510
	清洗剂	kg	0.3920	0.3920	1.0960	1.0960	2.1920	2.1920	2.1920	2.1920

续表

定 额 编 号			CLD 3-53	CLD 3-54	CLD 3-55	CLD 3-56	CLD 3-57	CLD 3-58	CLD 3-59	CLD 3-60
项 目			110kV		220kV		330kV		500kV	
			三相	三相带双接地	三相	三相带双接地	三相	三相带双接地	三相	三相带双接地
计价材料	防锈漆	kg	0.1880	0.1880	0.3750	0.3750	0.4690	0.4690	0.6570	0.6570
	醇酸防锈漆	kg	0.5170	0.5170	1.5400	1.5400	3.0800	3.0800	3.0800	3.0800
	普通调和漆	kg	0.9380	0.9380	1.3130	1.3130	1.4070	1.4070	1.5950	1.5950
	钢锯条 各种规格	根	1.8770	1.8770	2.8140	2.8140	2.8140	2.8140	3.7520	3.7520
	砂布	张	1.4880	1.4880	5.3380	5.8070	13.9770	13.9770	13.9770	13.9770
	无絮棉布	kg	0.1060	0.1090	0.1060	0.1090	0.0670	0.0680	0.0780	0.0820
	棉纱头	kg	0.2040	0.2040	0.7380	0.7380	1.4750	1.4750	1.4750	1.4750
	其他材料费	元	2.6900	2.6900	5.0700	5.0800	8.2000	8.2300	9.1200	9.1900
机具	汽车式起重机 起重量 5t	台班	0.3243	0.3243	0.5394	0.5394				
	汽车式起重机 起重量 16t	台班	1.0787	1.0787	1.1500	1.1500	1.7250	1.7250	1.8400	1.8400
	载重汽车 5t	台班	0.2162	0.2162	0.2691	0.2691	0.6475	0.6475	0.7924	0.7924
	交流弧焊机 容量 21kVA	台班	0.8625	0.8625	1.0787	1.0787	1.0787	1.0787	1.2938	1.2938
	高空作业车 20m 以内	台班	0.1081	0.1081	0.3232	0.3232	0.1518	0.1553	0.1771	0.1863

续表

定 额 编 号			CLD 3-53	CLD 3-54	CLD 3-55	CLD 3-56	CLD 3-57	CLD 3-58	CLD 3-59	CLD 3-60
项 目			110kV		220kV		330kV		500kV	
			三相	三相带双接地	三相	三相带双接地	三相	三相带双接地	三相	三相带双接地
机具	高空作业车 30m 以内	台班			1.0787	1.0787	2.5875	2.5875	2.6945	2.6945
	机动绞磨 3t 以内	台班	0.1495	0.1495	0.3623	0.3623	1.1914	1.1914	1.1914	1.1914
	机动液压压接机 200t 以内	台班	0.2151	0.2151	0.5382	0.5382	1.1845	1.1845	1.1845	1.1845
	回路电阻测试仪 量程 1~1999μΩ	台班	1.9274	1.9780	3.5972	3.7260	5.1543	5.2647	6.0318	6.3250
	直流标准源	台班	1.9274	1.9780	2.3978	2.4840	5.1543	5.2647	6.0318	6.3250
	交直流高压分压器 100kV	台班	1.9274	1.9780	2.3978	2.4840	4.5483	4.6449	5.3222	5.5810
	其他机具费	元	73.7700	74.3300	147.5100	148.5200	255.0200	256.3200	276.3000	279.7600

注 未计价材料：接地材料，软导线，金具，悬垂绝缘子。

3.6.4 单相接地开关安装

工作内容： 设备就位，本体安装，设备连线，引下线安装，接地，补漆，单体调试。

定 额 编 号		CLD 3-61	CLD 3-62	CLD 3-63	CLD 3-64
项 目		电压（kV）			
		110	220	330	500
单 位		台/单相	台/单相	台/单相	台/单相
基 价（元）		**1756.66**	**2207.16**	**3403.69**	**5743.91**
其中	人 工 费（元）	702.59	1002.53	1437.08	2858.78
	材 料 费（元）	297.23	324.78	469.60	530.96
	机 具 费（元）	756.84	879.85	1497.01	2354.17
名 称	单位	数 量			
人工 普通工	工日	0.8204	1.1176	2.0569	4.4736
安装技术工	工日	3.6938	5.3055	7.3065	14.2841
计价材料 无缝钢管 10~20 号 φ57 以下	kg	5.1515	5.6921	9.4758	17.9033
钢垫板 综合	kg	1.6216	1.6216	1.6216	1.6216
电焊条 J507 综合	kg	1.1339	1.5124	1.8901	1.8901
镀锌六角螺栓 综合	kg	6.9324	7.6613	15.2107	16.2572
镀锌铁丝	kg	2.1540	2.5325	3.0813	3.0813
铜编织带 150mm	m	0.8108	0.8108	0.8108	0.8108
电力复合脂	kg	0.1165	0.1219	0.5278	0.5324
乙醇	kg	0.0355	0.0355	0.4141	0.4141
清洗剂	kg	0.6406	0.8026	1.3814	1.5434

续表

定 额 编 号			CLD 3-61	CLD 3-62	CLD 3-63	CLD 3-64
项 目			电压（kV）			
			110	220	330	500
计价材料	防锈漆	kg	0.0182	0.0218	0.2703	0.3240
	醇酸防锈漆	kg	0.4705	0.4705	1.4014	1.4014
	普通调和漆	kg	0.2166	0.3240	0.4323	0.5405
	钢管脚手架 包括扣件	kg	11.4050	13.0267	16.9033	16.9033
	木脚手板 50×250×4000	块	0.1138	0.1301	0.1693	0.1693
	钢锯条 各种规格	根	1.0811	2.1622	2.7027	3.7838
	砂布	张	1.0410	1.3213	5.0851	7.1271
	无絮棉布	kg	0.0355	0.0355	0.4141	0.4141
	棉纱头	kg	0.2621	0.3167	0.7708	0.9328
	其他材料费	元	5.8300	6.3700	9.2100	10.4100
机具	汽车式起重机 起重量 5t	台班	0.1245	0.1245	0.1245	0.1245
	汽车式起重机 起重量 12t	台班	0.0806	0.1245	0.1863	0.3108
	载重汽车 5t	台班	0.1245	0.1245	0.1245	0.1245
	交流弧焊机 容量 21kVA	台班	0.1863	0.2491	0.3108	0.3108
	高空作业车 20m 以内	台班	0.1088	0.1193	0.3265	0.0419
	高空作业车 30m 以内	台班	0.0492	0.0618	0.1245	0.7252
	机动绞磨 3t 以内	台班	0.1360	0.1360	0.3297	0.5421
	机动液压压接机 200t 以内	台班	0.1957	0.1957	0.4898	0.5390

续表

定 额 编 号			CLD 3-61	CLD 3-62	CLD 3-63	CLD 3-64
项 目			电压 (kV)			
			110	220	330	500
机具	回路电阻测试仪 量程 1~1999μΩ	台班	0.6342	1.0570	1.0978	1.4169
	直流标准源	台班	0.6342	0.7043	1.0978	1.4169
	交直流高压分压器 100kV	台班	0.6342	0.7043	0.9691	1.2506
	其他机具费	元	22.0400	25.6300	43.6000	68.5700

注 未计价材料：接地材料，软导线，金具，悬垂绝缘子。

124

3.7 互感器安装

3.7.1 电压互感器安装

工作内容：设备就位，本体安装，设备连线，引下线安装，接地，补漆，单体调试。

定 额 编 号			CLD 3-65	CLD 3-66	CLD 3-67	CLD 3-68	CLD 3-69
项 目			电容式（kV）				
			35	110	220	330	500
单 位			台/单相	台/单相	台/单相	台/单相	台/单相
基 价（元）			**1002.93**	**1530.48**	**2605.86**	**4614.50**	**5890.68**
其中	人 工 费（元）		425.36	629.92	996.80	1965.77	2783.51
	材 料 费（元）		55.60	69.28	209.09	294.12	306.48
	机 具 费（元）		521.97	831.28	1399.97	2354.61	2800.69
名 称		单位	数 量				
人工	普通工	工日	0.7904	1.1366	2.0839	3.9718	5.3935
	安装技术工	工日	2.0434	3.0484	4.6365	9.2340	13.2266
计价材料	平垫铁 综合	kg	0.4430	0.8860	0.9770	1.5020	1.7780
	电焊条 J507 综合	kg	0.6230	0.8080	1.2840	1.5200	1.8310
	镀锌六角螺栓 综合	kg	3.5290	3.7100	3.7660	11.1270	11.2410
	镀锌铁丝	kg	0.1100	0.1100	0.1870	0.2200	0.2200
	塑料带 20mm×40m	卷	0.0660	0.0660	0.0660	0.0660	0.0660
	电力复合脂	kg	0.1100	0.1100	0.2200	0.5500	0.5500

续表

定 额 编 号			CLD 3-65	CLD 3-66	CLD 3-67	CLD 3-68	CLD 3-69
项 目			电容式（kV）				
			35	110	220	330	500
计价材料	清洗剂	kg	0.9960	1.4390	1.9910	2.6280	3.5890
	防锈漆	kg	0.1770	0.4430	0.4880	0.7500	0.8900
	醇酸防锈漆	kg	0.5170	0.5170	1.2830	1.5400	1.5400
	普通调和漆	kg	0.2660	0.4430	0.4880	0.7500	0.8900
	钢管脚手架 包括扣件	kg			19.1350	19.1350	19.1350
	木脚手板 50×250×4000	块			0.1910	0.1910	0.1910
	砂布	张	0.9930	1.4360	4.2770	7.5520	7.8280
	白布	m²				0.1510	0.1780
	棉纱头	kg	0.3760	0.5530	0.8180	1.3000	1.4400
	其他材料费	元	1.0900	1.3600	4.1000	5.7700	6.0100
机具	汽车式起重机 起重量 5t	台班	0.1231				
	汽车式起重机 起重量 16t	台班		0.1530	0.3381	0.5762	0.7038
	载重汽车 5t	台班	0.1024	0.1024	0.2243	0.2300	0.2622
	交流弧焊机 容量 21kVA	台班	0.1024	0.1334	0.3013	0.3013	0.3013
	高空作业车 20m 以内	台班	0.1001	0.1081	0.2484		
	高空作业车 30m 以内	台班				0.5923	0.5923
	机动绞磨 3t 以内	台班	0.1380	0.1495	0.2703	0.5957	0.5957
	机动液压压接机 200t 以内	台班	0.1518	0.2151	0.4301	0.5923	0.5923

定 额 编 号			CLD 3-65	CLD 3-66	CLD 3-67	CLD 3-68	CLD 3-69
项 目			电容式（kV）				
			35	110	220	330	500
机具	综合特性测试仪（含 TA、TV）	台班	0.1518	0.3036	0.3036	0.3036	0.6072
	标准电流互感器　电压等级　110kV	台班	0.1518	0.3036	0.3795	0.3795	0.6072
	交流耐压仪　设备耐压用　35kV 及以下	台班	0.1518				
	变压器直阻测试仪　10A	台班	0.1219	0.3036	0.3795	0.3795	0.5313
	大电流发生器　2000A	台班	0.1518	0.3036	0.3795	0.3795	0.6072
	交直流高压分压器　100kV	台班	0.1518	0.3036	0.3036	0.3036	0.6072
	其他机具费	元	15.2000	24.2100	40.7800	68.5800	81.5700

注　未计价材料：接地材料，软导线，金具，悬垂绝缘子。

3.7.2 电流互感器安装

3.7.2.1 户内电流互感器安装

工作内容：设备就位，本体安装，设备连线，引下线安装，接地，补漆，单体调试。

定 额 编 号			CLD 3-70
项　　　　目			电压（kV）
			10
单　　　　位			台/单相
基　　价（元）			**537.73**
其中	人　工　费（元）		233.70
	材　料　费（元）		46.97
	机　具　费（元）		257.06
名　　　称		单位	数　　　量
人工	普通工	工日	0.4443
	安装技术工	工日	1.1161
计价材料	电焊条　J507　综合	kg	1.1000
	镀锌六角螺栓　综合	kg	3.1710
	镀锌铁丝	kg	0.1100
	塑料带　20mm×40m	卷	0.0440
	电力复合脂	kg	0.1100
	清洗剂	kg	0.1100
	防锈漆	kg	0.1250

定 额 编 号			CLD 3-70
项 目			电压（kV）
			10
计价材料	醇酸防锈漆	kg	0.5170
	普通调和漆	kg	0.1250
	砂布	张	0.5500
	棉纱头	kg	0.1940
	其他材料费	元	0.9200
机具	交流弧焊机 容量 21kVA	台班	0.1806
	高空作业车 20m 以内	台班	0.1001
	机动绞磨 3t 以内	台班	0.1380
	机动液压压接机 200t 以内	台班	0.1518
	综合特性测试仪（含 TA、TV）	台班	0.0483
	标准电流互感器 电压等级 110kV	台班	0.0483
	交流耐压仪 设备耐压用 35kV 及以下	台班	0.0483
	变压器直阻测试仪 10A	台班	0.0483
	大电流发生器 2000A	台班	0.0483
	交直流高压分压器 100kV	台班	0.0483
	其他机具费	元	7.4900

注 未计价材料：接地材料，软导线，金具，悬垂绝缘子。

3.7.2.2 户外电流互感器安装

工作内容：设备就位，本体安装，设备连线，引下线安装，接地，补漆，单体调试。

定 额 编 号		CLD 3-71	CLD 3-72	CLD 3-73	CLD 3-74	CLD 3-75
项 目		电压（kV）				
		35	110	220	330	500
单 位		台/单相	台/单相	台/单相	台/单相	台/单相
基 价（元）		**733.66**	**1281.21**	**2450.39**	**3990.31**	**5124.39**
其中	人 工 费（元）	260.43	481.28	1006.07	1703.19	2465.49
	材 料 费（元）	48.66	58.23	151.58	157.64	164.03
	机 具 费（元）	424.57	741.70	1292.74	2129.48	2494.87
名 称	单位	数 量				
人工 普通工	工日	0.4443	0.9145	2.0251	3.5668	5.0669
安装技术工	工日	1.2771	2.2988	4.7309	7.9181	11.5253
计价材料 平垫铁 综合	kg	0.5000	0.5690	0.9220	1.0000	1.3940
电焊条 J507 综合	kg	0.8000	1.0770	1.0920	1.4000	1.8310
镀锌六角螺栓 综合	kg	3.1720	3.8850	11.9760	11.9830	11.9880
镀锌铁丝	kg	0.1100	0.1100	0.2200	0.2200	0.2200
塑料带 20mm×40m	卷	0.0440	0.0440	0.0440	0.0440	0.0440
电力复合脂	kg	0.1100	0.1100	0.5500	0.5500	0.5500
清洗剂	kg	0.2260	0.3380	0.9740	1.0270	1.2080
防锈漆	kg	0.1440	0.1440	0.1440	0.1620	0.1740
醇酸防锈漆	kg	0.5170	0.5170	1.5400	1.5400	1.5400

续表

定 额 编 号			CLD 3-71	CLD 3-72	CLD 3-73	CLD 3-74	CLD 3-75
项 目			电压（kV）				
			35	110	220	330	500
计价材料	普通调和漆	kg	0.1440	0.1440	0.1440	0.1620	0.1740
	砂布	张	0.5500	0.5500	4.4000	6.0500	6.0500
	棉纱头	kg	0.2260	0.4520	0.8970	1.0920	1.1310
	其他材料费	元	0.9500	1.1400	2.9700	3.0900	3.2200
机具	汽车式起重机　起重量　5t	台班	0.0989	0.2944	0.4290	0.5152	0.6015
	汽车式起重机　起重量　12t	台班				0.1863	0.2507
	载重汽车　5t	台班	0.0702	0.0794	0.1794	0.2243	0.3013
	交流弧焊机　容量　21kVA	台班	0.1380	0.1771	0.1794	0.2300	0.3013
	高空作业车　20m 以内	台班	0.1001	0.1081	0.3232		
	高空作业车　30m 以内	台班				0.5923	0.5923
	机动绞磨　3t 以内	台班	0.1380	0.1495	0.3623	0.5957	0.5957
	机动液压压接机　200t 以内	台班	0.1518	0.2151	0.5382	0.5923	0.5923
	综合特性测试仪（含 TA、TV）	台班	0.1012	0.2024	0.2024	0.2024	0.4048

续表

定 额 编 号			CLD 3-71	CLD 3-72	CLD 3-73	CLD 3-74	CLD 3-75
项 目			电压（kV）				
			35	110	220	330	500
机具	标准电流互感器　电压等级　110kV	台班	0.1012	0.2024	0.2530	0.2530	0.4048
	交流耐压仪　设备耐压用　35kV 及以下	台班	0.1012				
	变压器直阻测试仪　10A	台班	0.0805	0.2024	0.2530	0.2530	0.3542
	大电流发生器　2000A	台班	0.1012	0.2024	0.2530	0.2530	0.4048
	交直流高压分压器　100kV	台班	0.1012	0.2024	0.2024	0.2024	0.4048
	其他机具费	元	12.3700	21.6000	37.6500	62.0200	72.6700

注　未计价材料：接地材料，软导线，金具，悬垂绝缘子。

3.8 避雷器安装

工作内容: 设备就位,本体安装,设备连线,引下线安装,接地,补漆,单体调试。

定 额 编 号			CLD 3-76	CLD 3-77	CLD 3-78	CLD 3-79	CLD 3-80	CLD 3-81
项 目			氧化锌式避雷器					
			电压 (kV)					
			10	35	110	220	330	550
单 位			组/三相	组/三相	组/三相	组/三相	组/三相	组/三相
基 价 (元)			**740.46**	**1230.68**	**1993.87**	**3658.19**	**7112.77**	**11415.18**
其中	人 工 费 (元)		277.90	397.03	710.42	1496.36	2413.70	4289.27
	材 料 费 (元)		121.16	149.62	170.44	206.05	278.59	385.50
	机 具 费 (元)		341.40	684.03	1113.01	1955.78	4420.48	6740.41
名 称		单位	数 量					
人工	普通工	工日	0.5030	0.5814	1.1563	2.5150	3.5994	7.1523
	安装技术工	工日	1.3438	2.0100	3.5204	7.3628	12.1769	21.1426
计价材料	紫铜棒 φ6	kg	0.3950	0.3950	0.3950	0.4850	0.5670	0.6480
	紫铜皮 0.5 以下	kg	0.0210	0.0320	0.0320	0.0320	0.1570	0.2090
	钢垫板 综合	kg	1.2540	2.6130	2.6130	2.6130	2.6130	2.6130
	电焊条 J507 综合	kg	0.3690	0.4770	0.4770	0.4770	0.7310	0.7310
	镀锌六角螺栓 综合	kg	5.6520	5.6520	5.6520	5.6520	8.8170	16.1620
	镀锌铁丝	kg	3.1980	4.1250	5.3350	6.9580	8.5250	10.6700

133

续表

定 额 编 号			CLD 3-76	CLD 3-77	CLD 3-78	CLD 3-79	CLD 3-80	CLD 3-81
项 目			氧化锌式避雷器					
			电压（kV）					
			10	35	110	220	330	550
计价材料	塑料带 20mm×40m	卷	0.3740	0.5830	0.7370	1.0120	1.2760	1.5000
	电力复合脂	kg	0.2150	0.2150	0.3190	0.3940	0.6440	0.9160
	乙醇	kg	0.0190	0.0290	0.0370	0.0510	0.0640	0.0700
	清洗剂	kg	0.2150	0.3190	0.4240	0.6250	0.9470	1.3590
	氧气	m³	0.5230	0.5230	0.5230	0.8360	0.8360	0.8360
	乙炔气	m³	0.1830	0.1830	0.1830	0.2930	0.2930	0.2930
	防锈漆	kg	0.1050	0.2620	0.4180	0.7320	0.8890	1.0450
	醇酸防锈漆	kg	0.5170	0.5170	0.5170	0.7700	1.1550	1.5400
	普通调和漆	kg	0.1050	0.7840	1.3070	1.5680	2.1430	2.7170
	硝基快干腻子	kg	0.1050	0.1050	0.1050	0.2090	0.3140	0.3140
	砂布	张	0.6550	1.0730	1.5950	3.7400	4.8400	9.1850
	无絮棉布	kg	0.0190	0.0290	0.0370	0.0510	0.0640	0.0700
	棉纱头	kg	0.3190	0.4240	0.6330	0.7920	0.9520	1.5950
	其他材料费	元	2.3800	2.9300	3.3400	4.0400	5.4600	7.5600
机具	汽车式起重机 起重量 5t	台班		0.2404	0.3611	0.6015	0.2289	0.2289
	汽车式起重机 起重量 16t	台班					0.7211	0.7211
	载重汽车 5t	台班			0.1208	0.2047	0.2047	0.2047

续表

定　额　编　号			CLD 3-76	CLD 3-77	CLD 3-78	CLD 3-79	CLD 3-80	CLD 3-81
项　　目			氧化锌式避雷器					
			电压（kV）					
			10	35	110	220	330	550
机具	交流弧焊机　容量　21kVA	台班	0.0610	0.0782	0.0782	0.0782	0.1208	0.1208
	高空作业车　20m 以内	台班	0.1001	0.1001	0.1081	0.2151		
	高空作业车　30m 以内	台班					0.7728	0.7728
	机动绞磨　3t 以内	台班	0.1380	0.1380	0.1495	0.1806	0.4462	0.5957
	机动液压压接机　200t 以内	台班	0.1518	0.1518	0.2151	0.3232	0.4152	0.5923
	直流高压发生器　60~120kV	台班	2.3656	4.6932				
	直流高压发生器　200kV　3mA	台班			1.3559	2.4438	4.6955	
	直流高压发生器　400kV　3mA	台班						5.1750
	其他机具费	元	9.9400	19.9200	32.4200	56.9600	128.7500	196.3200

注　未计价材料：接地材料，软导线，金具，悬垂绝缘子。

3.9 成套高压配电柜安装

3.9.1 10kV 成套高压配电柜安装

工作内容：设备就位，本体安装，柜内母线安装，接地，补漆，单体调试。

定 额 编 号			CLD 3-82	CLD 3-83	CLD 3-84	CLD 3-85
项 目			真空断路器柜	SF$_6$ 断路器柜	电压互感器避雷器柜	其他电气柜
单 位			台	台	台	台
基 价 （元）			**2103.62**	**2261.24**	**1865.94**	**1601.30**
其中	人 工 费 （元）		1001.42	1159.04	847.20	741.16
	材 料 费 （元）		137.05	137.05	137.05	130.62
	机 具 费 （元）		965.15	965.15	881.69	729.52
名 称		单位	数 量			
人工	普通工	工日	0.9930	1.2804	1.5744	0.8884
	安装技术工	工日	5.3806	6.1414	4.0698	3.8815
计价材料	黄铜丝 综合	kg	0.0990	0.0990	0.0990	0.0590
	平垫铁 综合	kg	0.5230	0.5230	0.5230	0.5230
	电焊条 J507 综合	kg	1.0670	1.0670	1.0670	1.1660
	铝焊丝	kg	0.1920	0.1920	0.1920	0.1920
	钨极棒	g	5.9400	5.9400	5.9400	5.9400
	镀锌六角螺栓 综合	kg	2.4270	2.4270	2.4270	2.4270

续表

定 额 编 号			CLD 3-82	CLD 3-83	CLD 3-84	CLD 3-85
项 目			真空断路器柜	SF$_6$断路器柜	电压互感器避雷器柜	其他电气柜
计价材料	电力复合脂	kg	0.3200	0.3200	0.3200	0.2150
	乙醇	kg	0.5730	0.5730	0.5730	0.0300
	清洗剂	kg	0.2620	0.2620	0.2620	0.1050
	氩气	m^3	0.5940	0.5940	0.5940	0.5940
	防锈漆	kg	0.5230	0.5230	0.5230	0.5230
	醇酸磁漆	kg	0.2160	0.2160	0.2160	0.2160
	普通调和漆	kg	0.5230	0.5230	0.5230	0.5230
	钢锯条 各种规格	根	1.3260	1.3260	1.3260	1.3260
	砂布	张	0.9900	0.9900	0.9900	0.9900
	无絮棉布	kg	0.0500	0.0500	0.0500	0.0300
	棉纱头	kg	0.1620	0.1620	0.1620	0.1620
	镀锌（建筑）	t	0.0300	0.0300	0.0300	0.0300
	其他材料费	元	2.6900	2.6900	2.6900	2.5600

续表

定 额 编 号			CLD 3-82	CLD 3-83	CLD 3-84	CLD 3-85
项 目			真空断路器柜	SF$_6$断路器柜	电压互感器 避雷器柜	其他电气柜
机具	汽车式起重机 起重量 5t	台班	0.0886	0.0886	0.0932	0.1047
	载重汽车 5t	台班	0.1334	0.1334	0.1392	0.1587
	液压母线平弯机 宽度×厚度 125mm×12mm	台班	0.6003	0.6003	1.2006	0.6003
	交流弧焊机 容量 21kVA	台班	0.1748	0.1748	0.2657	0.1909
	氩弧焊机 电流 500A	台班	0.1001	0.1001	0.2001	0.1001
	回路电阻测试仪 量程 1~1999μΩ	台班	1.1385	1.1385	0.6831	0.6831
	开关特性测试仪（综合）	台班	1.1385	1.1385	0.6831	0.6831
	交流耐压仪 设备耐压用 35kV 及以下	台班	0.6831	0.6831	0.4094	0.4094
	直流标准源	台班	1.1385	1.1385	0.6831	0.6831
	其他机具费	元	28.1100	28.1100	25.6800	21.2500

注 未计价材料：接地材料。

138

3.9.2　35kV 成套高压配电柜安装

工作内容：设备就位，本体安装，柜内母线安装，接地，补漆，单体调试。

定 额 编 号			CLD 3-86	CLD 3-87	CLD 3-88	CLD 3-89
项 目			真空断路器柜	SF$_6$断路器柜	电压互感器避雷器柜	其他电气柜
单 位			台	台	台	台
基 价（元）			**3792.84**	**3861.85**	**3390.87**	**2716.04**
其中	人 工 费（元）		1853.35	1924.22	1747.51	1281.29
	材 料 费（元）		134.75	132.89	146.17	138.94
	机 具 费（元）		1804.74	1804.74	1497.19	1295.81
名 称		单位	数 量			
人工	普通工	工日	1.1863	1.3223	1.8855	0.9933
	安装技术工	工日	10.3858	10.7234	9.2891	7.0664
计价材料	圆钢　φ10 以下	kg	1.3008	1.3008	1.4309	1.3658
	黄铜丝　综合	kg	0.0792	0.0792	0.0871	0.0496
	平垫铁　综合	kg	0.5352	0.5152	0.5667	0.5754
	电焊条　J507　综合	kg	1.9176	1.8624	2.0486	2.0328
	铝焊丝	kg	0.1536	0.1536	0.1690	0.1613
	钨极棒	g	4.7520	4.7520	5.2272	4.9896
	镀锌六角螺栓　综合	kg	2.7112	2.6432	2.9075	2.8930
	机械油 5~7 号	kg	0.0712	0.0696	0.0766	0.0712
	电力复合脂	kg	0.0408	0.0392	0.0431	0.0437

续表

定 额 编 号			CLD 3-86	CLD 3-87	CLD 3-88	CLD 3-89
项 目			真空断路器柜	SF$_6$断路器柜	电压互感器 避雷器柜	其他电气柜
计价材料	乙醇	kg	0.0400	0.0400	0.0440	0.0252
	丙酮 95%	kg	0.3568	0.3432	0.3775	0.2302
	清洗剂	kg	0.7136	0.6872	0.7559	0.7678
	氩气	m^3	0.4752	0.4752	0.5227	0.4990
	防锈漆	kg	0.3568	0.3432	0.3775	0.3839
	醇酸磁漆	kg	0.1728	0.1728	0.1901	0.1814
	普通调和漆	kg	0.7136	0.6872	0.7559	0.7678
	钢锯条 各种规格	根	1.0608	1.0608	1.1669	1.1138
	砂布	张	1.2200	1.2048	1.3253	1.2919
	白布	m^2	0.0712	0.0696	0.0766	0.0697
	无絮棉布	kg	0.0400	0.0400	0.0440	0.0252
	棉纱头	kg	0.4024	0.3888	0.4277	0.4318
	镀锌（建筑）	t	0.0240	0.0240	0.0264	0.0252
	其他材料费	元	2.6400	2.6100	2.8700	2.7200
机具	汽车式起重机 起重量 5t	台班	0.1582	0.1582	0.1741	0.1739
	载重汽车 5t	台班	0.1582	0.1582	0.1741	0.1739
	液压母线平弯机 宽度×厚度 125mm×12mm	台班	0.4802	0.4802	1.0565	0.5043

定　额　编　号			CLD 3-86	CLD 3-87	CLD 3-88	CLD 3-89
项　　　　　目			真空断路器柜	SF₆断路器柜	电压互感器避雷器柜	其他电气柜
机具	交流弧焊机　容量　21kVA	台班	0.3054	0.3054	0.4119	0.3342
	氩弧焊机　电流　500A	台班	0.0800	0.0800	0.1761	0.0841
	回路电阻测试仪　量程　1~1999μΩ	台班	1.8216	1.8216	1.2022	1.1476
	开关特性测试仪（综合）	台班	2.2770	2.2770	1.5028	1.4345
	交流耐压仪　设备耐压用　35kV及以下	台班	2.2770	2.2770	1.5028	1.4345
	直流标准源	台班	2.7324	2.7324	1.8034	1.7214
	其他机具费	元	52.5700	52.5700	43.6100	37.7400

注　未计价材料：接地材料。

3.10 环网柜安装

3.10.1 空气绝缘环网柜安装

工作内容：设备就位，本体安装，接地，补漆，单体调试。

定 额 编 号			CLD 3-90	CLD 3-91	CLD 3-92	CLD 3-93
项 目			断路器环网进出线柜	负荷开关环网进出线柜	负荷开关熔断器柜	负荷开关电压互感器柜
单 位			台	台	台	台
基 价（元）			**1916.48**	**983.69**	**898.34**	**1118.45**
其中	人 工 费（元）		1193.47	524.35	502.15	617.11
	材 料 费（元）		73.86	57.63	52.32	57.63
	机 具 费（元）		649.15	401.71	343.87	443.71
名 称		单位	数 量			
人工	普通工	工日	2.3103	1.1168	1.0860	1.5099
	安装技术工	工日	5.6726	2.4254	2.3119	2.7261
计价材料	平垫铁 综合	kg	0.4500	0.4500	0.4500	0.4500
	电焊条 J422 综合	kg	1.9249	1.7659	1.7659	1.7659
	镀锌六角螺栓 综合	kg	4.2789	3.2901	2.6218	3.2901
	精制六角带帽螺栓 M10×100 以下	套	4.1000	4.1000	4.1000	4.1000
	绝缘胶带 20mm×20m	卷	0.9450			
	自黏性橡胶带 25mm×20m	卷	0.0250			

续表

定 额 编 号			CLD 3-90	CLD 3-91	CLD 3-92	CLD 3-93
项 目			断路器环网进出线柜	负荷开关环网进出线柜	负荷开关熔断器柜	负荷开关电压互感器柜
计价材料	电力复合脂	kg	0.5680	0.2980	0.2875	0.2980
	清洗剂	kg	0.6230	0.3730	0.3580	0.3730
	防锈漆	kg	0.4140	0.4140	0.4140	0.4140
	普通调和漆	kg	0.3200	0.3200	0.3200	0.3200
	清油 综合	kg	0.1200	0.1200	0.1200	0.1200
	钢锯条 各种规格	根	0.6000	0.6000	0.6000	0.6000
	其他材料费	元	1.4500	1.1300	1.0300	1.1300
机具	汽车式起重机 起重量 8t	台班	0.0902	0.0580	0.0580	0.0676
	叉式起重机 起重量 3t	台班	0.0700	0.0580	0.0580	0.0676
	载重汽车 5t	台班	0.2108	0.0966	0.0966	0.1352
	液压母线平弯机 宽度×厚度 125mm×12mm	台班	0.5796	0.5796	0.3623	0.5796
	联合冲剪机 板厚 16mm	台班	0.0253	0.0253	0.0253	0.0253
	交流弧焊机 容量 21kVA	台班	0.3508	0.3142	0.3142	0.3142
	回路电阻测试仪 量程 1~1999μΩ	台班	0.3381	0.2898	0.2898	
	互感器现场校验仪	台班				0.3613
	微机型高压断路器模拟装置（断路器模拟试验仪）	台班	0.2174			

续表

定 额 编 号			CLD 3-90	CLD 3-91	CLD 3-92	CLD 3-93
项 目			断路器环网进出线柜	负荷开关环网进出线柜	负荷开关熔断器柜	负荷开关电压互感器柜
机具	微机继电保护测试仪	台班	0.2174			
	绝缘电阻测试仪 2500～10000V 2mA以上	台班	0.1932	0.1932	0.1932	0.1932
	砂轮切割机 直径 φ400	台班	0.0837	0.0837	0.0523	0.0837
	数字万用表（数字式）	台班	0.1150	0.1150	0.1150	0.1150
	高压试验变压器全套装置 YDJ	台班	0.1932	0.1932	0.1932	0.1932
	断路器动特性综合测试仪 HDBS—50	台班	0.1932			
	其他机具费	元	18.9100	11.7000	10.0200	12.9200

注 未计价材料：接地材料。

144

3.10.2 气体绝缘环网柜安装

工作内容：设备就位，本体安装，接地，补漆，单体调试。

定 额 编 号		CLD 3-94	CLD 3-95	CLD 3-96	CLD 3-97
项 目		开关单元数			
		三位	五位	七位	七位以上
		全负荷开关			
单 位		套	套	套	套
基 价（元）		**3021.11**	**4200.09**	**5174.09**	**6018.66**
其中	人 工 费（元）	1560.40	2198.82	2664.59	3058.65
	材 料 费（元）	189.57	244.59	272.89	301.20
	机 具 费（元）	1271.14	1756.68	2236.61	2658.81
名 称	单位	数 量			
人工 普通工	工日	1.9210	2.8499	3.5305	4.1480
安装技术工	工日	8.1386	11.3746	13.7335	15.7019
计价材料 平垫铁 综合	kg	10.4400	13.0500	13.0500	13.0500
电焊条 J422 综合	kg	2.2699	2.2699	2.2699	2.2699
镀锌六角螺栓 综合	kg	10.1409	14.8029	18.3669	21.9309
精制六角带帽螺栓 M10×100 以下	套	20.5000	20.5000	20.5000	20.5000
电力复合脂	kg	0.2280	0.3200	0.3760	0.4320
清洗剂	kg	0.8040	1.0280	1.1080	1.1880
防锈漆	kg	0.8460	0.9540	0.9540	0.9540
普通调和漆	kg	0.7520	0.8600	0.8600	0.8600

续表

定 额 编 号			CLD 3-94	CLD 3-95	CLD 3-96	CLD 3-97
项 目			开关单元数			
			三位	五位	七位	七位以上
			全负荷开关			
计价材料	清油 综合	kg	0.1200	0.1200	0.1200	0.1200
	钢锯条 各种规格	根	0.6000	0.6000	0.6000	0.6000
	其他材料费	元	3.7200	4.8000	5.3500	5.9100
机具	汽车式起重机 起重量 8t	台班	0.3864	0.3864	0.4830	0.4830
	叉式起重机 起重量 3t	台班	0.1438	0.2875	0.4025	0.5175
	载重汽车 5t	台班	0.3864	0.4830	0.4830	0.4830
	液压母线平弯机 宽度×厚度 125mm×12mm	台班	1.7388	2.8980	4.0572	5.2164
	联合冲剪机 板厚 16mm	台班	0.0253	0.0253	0.0253	0.0253
	交流弧焊机 容量 21kVA	台班	0.4301	0.4301	0.4301	0.4301

续表

定 额 编 号			CLD 3-94	CLD 3-95	CLD 3-96	CLD 3-97
项 目			开关单元数			
			三位	五位	七位	七位以上
			全负荷开关			
机具	回路电阻测试仪 量程 1~1999μΩ	台班	0.7728	1.2848	1.3340	1.3524
	定性检漏仪	台班	0.2760	0.2760	0.2760	0.2760
	绝缘电阻测试仪 2500~10000V 2mA 以上	台班	0.1932	0.1932	0.1932	0.1932
	砂轮切割机 直径 φ400	台班	0.2512	0.4186	0.5860	0.7535
	数字万用表（数字式）	台班	0.1150	0.1150	0.1150	0.1150
	高压试验变压器全套装置 YDJ	台班	0.3450	0.4313	0.5031	0.6762
	其他机具费	元	37.0200	51.1700	65.1400	77.4400

注 未计价材料：接地材料。

工作内容：设备就位，本体安装，接地，补漆，单体调试。

定 额 编 号		CLD 3-98	CLD 3-99	CLD 3-100	CLD 3-101
项 目		开关单元数			
		三位	五位	七位	七位以上
		进线负荷开关、出线断路器			
单 位		套	套	套	套
基 价（元）		**4129.69**	**5308.65**	**7391.23**	**9344.35**
其中	人 工 费（元）	2394.90	3033.32	4333.59	5562.11
	材 料 费（元）	195.39	250.40	284.52	318.65
	机 具 费（元）	1539.40	2024.93	2773.12	3463.59
名 称	单位	数 量			
人工 普通工	工日	3.0133	3.9421	5.7149	7.4246
安装技术工	工日	12.4485	15.6845	22.3534	28.6315
计价材料 平垫铁 综合	kg	10.4400	13.0500	13.0500	13.0500
电焊条 J422 综合	kg	2.2699	2.2699	2.2699	2.2699
镀锌六角螺栓 综合	kg	10.1409	14.8029	18.3669	21.9309
精制六角带帽螺栓 M10×100 以下	套	20.5000	20.5000	20.5000	20.5000
绝缘胶带 20mm×20m	卷	1.8900	1.8900	3.7800	5.6700
电力复合脂	kg	0.2280	0.3200	0.3760	0.4320
清洗剂	kg	0.8040	1.0280	1.1080	1.1880
防锈漆	kg	0.8460	0.9540	0.9540	0.9540
普通调和漆	kg	0.7520	0.8600	0.8600	0.8600

148

续表

定 额 编 号			CLD 3-98	CLD 3-99	CLD 3-100	CLD 3-101
项 目			开关单元数			
			三位	五位	七位	七位以上
			进线负荷开关、出线断路器			
计价材料	清油 综合	kg	0.1200	0.1200	0.1200	0.1200
	钢锯条 各种规格	根	0.6000	0.6000	0.6000	0.6000
	其他材料费	元	3.8300	4.9100	5.5800	6.2500
机具	汽车式起重机 起重量 8t	台班	0.3864	0.3864	0.4830	0.4830
	叉式起重机 起重量 3t	台班	0.1438	0.2875	0.4025	0.5175
	载重汽车 5t	台班	0.3864	0.4830	0.4830	0.4830
	液压母线平弯机 宽度×厚度 125mm×12mm	台班	1.7388	2.8980	4.0572	5.2164
	联合冲剪机 板厚 16mm	台班	0.0253	0.0253	0.0253	0.0253
	交流弧焊机 容量 21kVA	台班	0.4301	0.4301	0.4301	0.4301
	回路电阻测试仪 量程 1~1999μΩ	台班	0.7728	1.2848	1.3340	1.3524
	定性检漏仪	台班	0.2760	0.2760	0.2760	0.2760

续表

定 额 编 号			CLD 3-98	CLD 3-99	CLD 3-100	CLD 3-101
项 目			开关单元数			
			三位	五位	七位	七位以上
			进线负荷开关、出线断路器			
机具	微机型高压断路器模拟装置（断路器模拟试验仪）	台班	0.4347	0.4347	0.8694	1.3041
	微机继电保护测试仪	台班	0.4347	0.4347	0.8694	1.3041
	绝缘电阻测试仪　2500～10000V　2mA以上	台班	0.1932	0.1932	0.1932	0.1932
	砂轮切割机　直径　φ400	台班	0.2512	0.4186	0.5860	0.7535
	数字万用表（数字式）	台班	0.1150	0.1150	0.1150	0.1150
	高压试验变压器全套装置　YDJ	台班	0.3450	0.4313	0.5031	0.6762
	其他机具费	元	44.8400	58.9800	80.7700	100.8800

注　未计价材料：接地材料。

3.10.3 户外箱式环网箱安装

工作内容: 设备就位,本体安装,接地,补漆,单体调试。

	定 额 编 号		CLD 3-102	CLD 3-103	CLD 3-104	CLD 3-105
			开关间隔单元			
	项 目		三位	五位	七位	七位以上
			全负荷开关			
	单 位		座	座	座	座
	基 价 (元)		**2933.53**	**3951.10**	**5011.93**	**5829.21**
其中	人 工 费 (元)		1756.14	2264.33	2706.58	3115.02
	材 料 费 (元)		139.73	180.28	208.59	242.73
	机 具 费 (元)		1037.66	1506.49	2096.76	2471.46
	名 称	单位	数 量			
人工	普通工	工日	2.9601	3.8510	4.5988	5.4621
	安装技术工	工日	8.6355	11.1119	13.2850	15.1786
计价材料	平垫铁 综合	kg	5.0000	7.2000	7.2000	8.0000
	电焊条 J422 综合	kg	2.2699	2.2699	2.2699	2.4799
	镀锌六角螺栓 综合	kg	8.7369	12.3009	15.8649	19.4289
	精制六角带帽螺栓 M10×100 以下	套	20.5000	20.5000	20.5000	20.5000
	软铜绞线 16mm²	m	0.2500	0.2500	0.2500	0.2500
	电力复合脂	kg	0.2640	0.3200	0.3760	0.4320
	清洗剂	kg	0.6780	0.7580	0.8380	0.9680
	防锈漆	kg	0.4140	0.4140	0.4140	0.4140

续表

定 额 编 号			CLD 3-102	CLD 3-103	CLD 3-104	CLD 3-105
项 目			开关间隔单元			
			三位	五位	七位	七位以上
			全负荷开关			
计价材料	普通调和漆	kg	0.3200	0.3200	0.3200	0.3200
	清油 综合	kg	0.1200	0.1200	0.1200	0.1200
	钢锯条 各种规格	根	0.6000	0.6000	0.6000	0.6000
	其他材料费	元	2.7400	3.5400	4.0900	4.7600
机具	汽车式起重机 起重量 8t	台班	0.2415	0.3864		
	汽车式起重机 起重量 12t	台班			0.5175	0.5313
	载重汽车 5t	台班	0.3864	0.3864		
	载重汽车 8t	台班			0.4830	0.4830
	液压母线平弯机 宽度×厚度 125mm×12mm	台班	1.7388	2.8980	4.0572	5.2164
	联合冲剪机 板厚 16mm	台班	0.0253	0.0253	0.0253	0.0253
	交流弧焊机 容量 21kVA	台班	0.4301	0.4301	0.4301	0.4784
	回路电阻测试仪 量程 1~1999μΩ	台班	0.2070	0.2415	0.2875	0.3450

续表

定 额 编 号			CLD 3-102	CLD 3-103	CLD 3-104	CLD 3-105
项 目			开关间隔单元			
			三位	五位	七位	七位以上
			全负荷开关			
机具	互感器现场校验仪	台班		0.1677	0.1677	0.1677
	定性检漏仪	台班	0.2760	0.2760	0.2760	0.2760
	绝缘电阻测试仪 2500~10000V 2mA 以上	台班	0.1932	0.1932	0.1932	0.1932
	砂轮切割机 直径 ϕ400	台班	0.2512	0.4186	0.5860	0.7535
	数字万用表（数字式）	台班	0.1150	0.1150	0.1150	0.1150
	高压试验变压器全套装置 YDJ	台班	0.3450	0.4313	0.5031	0.6762
	其他机具费	元	30.2200	43.8800	61.0700	71.9800

注 未计价材料：接地材料。

工作内容： 设备就位，本体安装，接地，补漆，单体调试。

定 额 编 号			CLD 3-106	CLD 3-107	CLD 3-108	CLD 3-109
项 目			开关间隔单元			
			三位	五位	七位	七位以上
			进线负荷开关、出线断路器			
单 位			座	座	座	座
基 价 （元）			**4034.66**	**5059.69**	**6120.50**	**6937.79**
其中	人 工 费 （元）		2621.68	3098.84	3541.07	3949.52
	材 料 费 （元）		129.92	186.10	214.41	248.55
	机 具 费 （元）		1283.06	1774.75	2365.02	2739.72
名 称		单位	数 量			
人工	普通工	工日	3.9684	4.9433	5.6910	6.5544
	安装技术工	工日	13.1875	15.4218	17.5949	19.4885
计价材料	平垫铁 综合	kg	5.0000	7.2000	7.2000	8.0000
	电焊条 J422 综合	kg	1.5300	2.2699	2.2699	2.4799
	镀锌六角螺栓 综合	kg	8.6409	12.3009	15.8649	19.4289
	精制六角带帽螺栓 M10×100 以下	套	20.5000	20.5000	20.5000	20.5000
	软铜绞线 16mm²	m	0.2500	0.2500	0.2500	0.2500
	绝缘胶带 20mm×20m	卷	1.8900	1.8900	1.8900	1.8900
	电力复合脂	kg	0.2640	0.3200	0.3760	0.4320
	清洗剂	kg	0.5900	0.7580	0.8380	0.9680
	防锈漆	kg	0.0600	0.4140	0.4140	0.4140

续表

定 额 编 号			CLD 3-106	CLD 3-107	CLD 3-108	CLD 3-109
项　　目			开关间隔单元			
			三位	五位	七位	七位以上
			进线负荷开关、出线断路器			
计价材料	普通调和漆	kg	0.0400	0.3200	0.3200	0.3200
	清油　综合	kg		0.1200	0.1200	0.1200
	钢锯条　各种规格	根	0.2000	0.6000	0.6000	0.6000
	其他材料费	元	2.5500	3.6500	4.2000	4.8700
机具	汽车式起重机　起重量　8t	台班	0.2415	0.3864		
	汽车式起重机　起重量　12t	台班			0.5175	0.5313
	载重汽车　5t	台班	0.3864	0.3864		
	载重汽车　8t	台班			0.4830	0.4830
	液压母线平弯机　宽度×厚度　125mm×12mm	台班	1.7388	2.8980	4.0572	5.2164
	联合冲剪机　板厚　16mm	台班		0.0253	0.0253	0.0253
	交流弧焊机　容量　21kVA	台班	0.2599	0.4301	0.4301	0.4784
	回路电阻测试仪　量程　1~1999μΩ	台班	0.2070	0.2415	0.2875	0.3450
	互感器现场校验仪	台班		0.1677	0.1677	0.1677
	定性检漏仪	台班	0.2760	0.2760	0.2760	0.2760
	微机型高压断路器模拟装置（断路器模拟试验仪）	台班	0.4347	0.4347	0.4347	0.4347

续表

定 额 编 号			CLD 3-106	CLD 3-107	CLD 3-108	CLD 3-109
项 目			开关间隔单元			
			三位	五位	七位	七位以上
			进线负荷开关、出线断路器			
机具	微机继电保护测试仪	台班	0.4347	0.4347	0.4347	0.4347
	绝缘电阻测试仪　2500～10000V　2mA 以上	台班	0.1932	0.1932	0.1932	0.1932
	砂轮切割机　直径　φ400	台班	0.2512	0.4186	0.5860	0.7535
	数字万用表（数字式）	台班	0.1150	0.1150	0.1150	0.1150
	高压试验变压器全套装置　YDJ	台班	0.3450	0.4313	0.5031	0.6762
	其他机具费	元	37.3700	51.6900	68.8800	79.8000

注　未计价材料：接地材料。

156

3.11 中性点成套设备安装

工作内容： 设备就位，本体及附件安装，接地，补漆，单体调试。

定 额 编 号		CLD 3-110
项　　　目		中性点设备
单　　　位		套/单相
基　价（元）		**2046.37**
其中	人　工　费（元）	853.38
	材　料　费（元）	78.71
	机　具　费（元）	1114.28
名　　称	单位	数　量
人工 普通工	工日	0.7513
安装技术工	工日	4.6475
计价材料 平垫铁　综合	kg	0.7990
电焊条　J507　综合	kg	2.2310
镀锌六角螺栓　综合	kg	2.7080
塑料带　20mm×40m	卷	1.0000
机械油5~7号	kg	0.1070
电力复合脂	kg	0.0540
乙醇	kg	0.0930
丙酮　95%	kg	0.5320

续表

定　额　编　号			CLD 3-110
项　　　目			中性点设备
计价材料	清洗剂	kg	1.0650
	防锈漆	kg	0.5320
	普通调和漆	kg	1.0650
	砂布	张	0.6390
	白布	m²	0.1070
	无絮棉布	kg	0.0930
	棉纱头	kg	0.5320
	其他材料费	元	1.5400
机具	汽车式起重机　起重量　5t	台班	0.2450
	载重汽车　5t	台班	0.2450
	交流弧焊机　容量　21kVA	台班	0.3669
	回路电阻测试仪　量程　1~1999μΩ	台班	0.5865
	交流耐压仪　设备耐压用　35kV 及以下	台班	0.4888
	直流高压发生器　60~120kV	台班	8.0500
	直流标准源	台班	0.4888
	交直流高压分压器　100kV	台班	0.4888
	其他机具费	元	32.4500

注　未计价材料：接地材料。

3.12 小电阻接地成套装置安装

工作内容：设备就位，本体及附件安装，接地，补漆，单体调试。

定 额 编 号			CLD 3-111
项 目			小电阻接地装置
单 位			套
基 价（元）			**2060.49**
其中	人 工 费（元）		887.98
	材 料 费（元）		129.14
	机 具 费（元）		1043.37
名 称		单位	数 量
人工	普通工	工日	1.3869
	安装技术工	工日	4.4386
计价材料	平垫铁 综合	kg	2.8000
	电焊条 J422 综合	kg	0.8400
	镀锌六角螺栓 综合	kg	0.9800
	软铜绞线 16mm²	m	0.4200
	铜芯聚氯乙烯绝缘电线 500VBV-16mm²	m	4.2000
	电力复合脂	kg	0.2800
	乙醇	kg	0.8400
	氧气	m³	0.4200

续表

定　额　编　号			CLD 3-111
项　　　　目			小电阻接地装置
计价材料	乙炔气	m³	0.1400
	醇酸磁漆	kg	0.7000
	普通调和漆	kg	0.7000
	砂轮切割片　φ400	片	0.7000
	其他材料费	元	2.5300
机具	载重汽车　5t	台班	1.7480
	交流弧焊机　容量　21kVA	台班	1.8124
	直流电阻测试仪　量程　0.1μΩ~199.99kΩ	台班	0.9200
	绝缘电阻表（数字式）	台班	0.9200
	其他机具费	元	30.3900

注　未计价材料：接地材料。

3.13 一次设备预制舱（空舱）安装

工作内容：设备就位，本体安装，拼舱，接地，补漆。

定 额 编 号		CLD 3-112	CLD 3-113
项 目		一次预制舱（空舱）	
		安装	
		6.5m×3.6m×3.6m（长×宽×高）	13.5m×3.6m×3.6m（长×宽×高）
单 位		座	座
基 价（元）		**3484.85**	**5714.67**
其中	人 工 费（元）	414.80	602.21
	材 料 费（元）	1607.83	2085.83
	机 具 费（元）	1462.22	3026.63
名 称	单位	数 量	
人工 普通工	工日	1.4078	2.1144
安装技术工	工日	1.5744	2.2394
计价材料 钢吊车梁（成品）	t	0.1523	0.1659
钢丝绳 φ15以下	kg	4.6124	9.0100
平垫铁 综合	kg	5.6524	13.1643
板材红白松 一等	m³	0.0291	0.0752
电焊条 J507 综合	kg	1.7840	3.2000

续表

定 额 编 号			CLD 3-112	CLD 3-113
项 目			一次预制舱（空舱）	
			安装	
			6.5m×3.6m×3.6m（长×宽×高）	13.5m×3.6m×3.6m（长×宽×高）
计价材料	焊锡	kg	0.4531	0.4531
	镀锌铁丝	kg	0.7025	1.6274
	裸铜绞线 TJ16mm²	kg	0.2354	0.6358
	清洗剂	kg	1.9874	4.6839
	密封胶	kg	3.5624	7.8634
	防锈漆	kg	0.2498	0.6357
	醇酸磁漆	kg	0.1341	0.3026
	普通调和漆	kg	0.5327	1.2365
	枕木 160×220×2500	根	0.6784	1.0354
	钢锯条 各种规格	根	7.3547	13.0364
	砂轮切割片 φ400	片	1.1310	2.5387
	白布	m²	0.3298	0.7684
	无絮棉布	kg	0.4058	0.8963
	尼龙吊带 20t	m	1.8667	1.8667
	其他材料费	元	31.5300	40.9000

续表

定　额　编　号			CLD 3-112	CLD 3-113
项　　　　目			一次预制舱（空舱）	
			安装	
			6.5m×3.6m×3.6m（长×宽×高）	13.5m×3.6m×3.6m（长×宽×高）
机具	汽车式起重机　起重量　40t	台班	0.5888	
	汽车式起重机　起重量　75t	台班		0.6670
	载重汽车　25t	台班	0.3146	0.3680
	交流弧焊机　容量　21kVA	台班	0.6034	1.0281
	其他机具费	元	42.5900	88.1500

注　未计价材料：接地材料。

3.14 二次设备预制舱安装

工作内容：设备就位，本体安装，拼舱，接地，补漆。

定 额 编 号		CLD 3-114	CLD 3-115	CLD 3-116
项 目		二次预制舱		
		安装		
		6.2m×2.8m×3.2m （长×宽×高）	9.2m×2.8m×3.2m （长×宽×高）	12.2m×2.8m×3.2m （长×宽×高）
单 位		座	座	座
基 价（元）		**4356.76**	**5819.11**	**7003.23**
其中	人 工 费（元）	466.41	531.68	689.87
	材 料 费（元）	2018.58	2210.37	2419.56
	机 具 费（元）	1871.77	3077.06	3893.80
名 称	单位	数 量		
人工 普通工	工日	1.4996	1.6889	2.2293
安装技术工	工日	1.8250	2.0939	2.6920
计价材料 钢吊车梁（成品）	t	0.2100	0.2173	0.2214
钢丝绳 φ15 以下	kg	4.6240	6.8000	9.6560
平垫铁 综合	kg	5.7528	8.4600	12.0132
板材红白松 一等	m³	0.0316	0.0465	0.0660
电焊条 J507 综合	kg	1.8000	2.4000	3.0000

定 额 编 号		CLD 3-114	CLD 3-115	CLD 3-116
项 目		二次预制舱		
		安装		
		6.2m×2.8m×3.2m （长×宽×高）	9.2m×2.8m×3.2m （长×宽×高）	12.2m×2.8m×3.2m （长×宽×高）
计价材料	焊锡	kg	0.4531	0.4531	0.4531
	镀锌铁丝	kg	0.7181	1.0560	1.4995
	裸铜绞线　TJ16mm²	kg	0.2398	0.3526	0.5007
	清洗剂	kg	2.0046	2.9480	4.1862
	密封胶	kg	3.5714	5.2521	7.4579
	防锈漆	kg	0.2709	0.3983	0.5656
	醇酸磁漆	kg	0.1354	0.1992	0.2828
	普通调和漆	kg	0.5417	0.7967	1.1313
	枕木　160×220×2500	根	0.7072	0.8320	0.9734
	钢锯条　各种规格	根	7.4664	10.9800	15.5916
	砂轮切割片　φ400	片	1.1333	1.6667	2.3667
	白布	m²	0.3389	0.4983	0.7076
	无絮棉布	kg	0.4133	0.6078	0.8631
	尼龙吊带　20t	m	1.8667	1.8667	1.8667
	其他材料费	元	39.5800	43.3400	47.4400

定 额 编 号			CLD 3-114	CLD 3-115	CLD 3-116
项 目			二次预制舱		
			安装		
			6.2m×2.8m×3.2m（长×宽×高）	9.2m×2.8m×3.2m（长×宽×高）	12.2m×2.8m×3.2m（长×宽×高）
机具	汽车式起重机　起重量　40t	台班	0.7705		
	汽车式起重机　起重量　50t	台班		0.8553	
	汽车式起重机　起重量　75t	台班			0.8630
	载重汽车　25t	台班	0.3735	0.4314	0.4585
	交流弧焊机　容量　21kVA	台班	0.7769	0.9711	1.2819
	其他机具费	元	54.5200	89.6200	113.4100

注　未计价材料：接地材料。

第 **4** 章　母线、绝缘子

说　　明

一、本章内容

本章内容包括支持绝缘子安装、穿墙套管安装、软母线安装、带形母线安装、槽形母线安装、管形母线安装、封闭母线安装。

二、未包括的工作内容

1. 支架、铁构件的制作和安装，发生时执行本册第 5 章相应定额子目。

2. 二次喷漆，发生时执行本册第 5 章相应定额子目。

三、工程量计算规则

1. 支持绝缘子、穿墙套管安装以"个"为计量单位。

2. 软母线安装以"跨/三相"为计量单位，三相为一跨。

3. 带形母线、槽形母线安装工程量均按单相母线中心线的延长米计算，不扣除附件所占长度，以"m"为计量单位。

4. 支持式管形母线安装工程量按单相母线中心线的延长米计算，不扣除附件所占长度（不计算管形母线衬管长度），以"m"为计量单位。

5. 共箱封闭母线安装工程量按母线外壳中心线的延长米计算，不扣除附件所占长度，以"m"为计量单位。

四、其他说明

1. 本章设备材料安装已包含单体调试，不单独计列。

2. 110kV 及以上软母线、支持绝缘子安装在户内时人工费乘以系数 1.3。

3. 绝缘铜管母安装执行相同管径管形母线安装定额子目乘以系数 1.4。

4. 带形母线安装定额子目按单相单片考虑，每相两片按同截面母线安装定额子目乘以系数 1.8，每相三片按同截面母线安装定额子目乘以系数 2.7，每相四片按同截面母线安装定额子目乘以系数 3.6。

5. 带形母线材质按照铜母线考虑，带形钢母线安装执行带形母线安装定额子目，同截面铝母线安装执行带形母线安装定额子目乘以系数 0.7。

4.1 支持绝缘子安装

工作内容：本体及附件安装，接地，补漆，单体调试。

定 额 编 号		单位	CLD 4-1	CLD 4-2	CLD 4-3	CLD 4-4	CLD 4-5	CLD 4-6
项 目			额定电压（kV）					
			10	35	110	220	330	500
单 位			个	个	个	个	个	个
基 价 (元)			**73.24**	**132.84**	**263.10**	**412.05**	**828.57**	**1360.74**
其中	人 工 费（元）		31.81	58.18	133.63	213.82	575.59	1013.25
	材 料 费（元）		7.61	8.86	10.93	19.75	27.81	35.74
	机 具 费（元）		33.82	65.80	118.54	178.48	225.17	311.75
名 称		单位	数 量					
人工	普通工	工日	0.0719	0.1110	0.2874	0.4311	1.2216	2.1189
	安装技术工	工日	0.1444	0.2776	0.6163	1.0050	2.6653	4.7126
计价材料	电焊条 J507 综合	kg	0.1460	0.2230	0.4460	0.7380	1.0080	1.2690
	镀锌六角螺栓 综合	kg	0.7040	0.7040	0.7040	1.4070	2.0930	2.7970
	塑料带 20mm×40m	卷	0.0030	0.0050	0.0060	0.0130	0.0210	0.0240
	乙醇	kg	0.0030	0.0050	0.0060	0.0130	0.0210	0.0240
	清洗剂	kg	0.0330	0.0330	0.0550	0.1100	0.1650	0.2640
	防锈漆	kg	0.0220	0.0330	0.0550	0.0770	0.0990	0.0990
	普通调和漆	kg	0.0440	0.0770	0.0770	0.1100	0.1100	0.1100

续表

定 额 编 号			CLD 4-1	CLD 4-2	CLD 4-3	CLD 4-4	CLD 4-5	CLD 4-6
项 目			额定电压（kV）					
			10	35	110	220	330	500
计价材料	无絮棉布	kg	0.0030	0.0050	0.0060	0.0130	0.0210	0.0240
	棉纱头	kg	0.0220	0.0330	0.0550	0.1100	0.1650	0.2200
	其他材料费	元	0.1500	0.1700	0.2100	0.3900	0.5500	0.7000
机具	汽车式起重机　起重量　5t	台班	0.0368	0.0736				
	汽车式起重机　起重量　8t	台班			0.1219	0.1817	0.2197	0.2611
	载重汽车　5t	台班						0.0311
	交流弧焊机　容量　21kVA	台班	0.0242	0.0368	0.0736	0.1219	0.1656	0.2093
	高空作业车　30m 以内	台班						0.0196
	交流耐压仪　设备耐压用　35kV 及以下	台班	0.0138	0.0242				
	交直流高压分压器　100kV	台班	0.0138	0.0242				
	绝缘电阻测试仪　2500～10000V　2mA 以上	台班	0.0138	0.0242	0.0966	0.1553	0.2864	0.3117
	其他机具费	元	0.9900	1.9200	3.4500	5.2000	6.5600	9.0800

注　未计价材料：接地材料，支持绝缘子，金具。

4.2 穿墙套管安装

工作内容： 本体及附件安装，穿通板制作安装，接地，补漆，单体调试。

定 额 编 号		CLD 4-7	CLD 4-8	CLD 4-9	CLD 4-10
项 目		额定电压（kV）			
		10	35	110	220
单 位		个	个	个	个
基 价（元）		**421.69**	**539.81**	**920.95**	**2735.88**
其中	人 工 费（元）	212.68	295.78	341.14	636.56
	材 料 费（元）	186.14	195.54	316.80	977.77
	机 具 费（元）	22.87	48.49	263.01	1121.55
名 称	单位	数 量			
人工 普通工	工日	0.3344	0.5303	0.6251	1.2424
安装技术工	工日	1.0616	1.4336	1.6446	3.0189
计价材料 等边角钢 边长50以下	kg	9.9000	11.0000	11.0000	11.0000
等边角钢 边长63以下	kg			1.1000	1.1000
钢板 综合	kg	13.5900	12.5600	19.5000	28.0800
平垫铁 综合	kg	0.4950	0.5500	0.8800	1.1000
电焊条 J507 综合	kg	1.4544	1.6770	4.4620	7.5390
镀锌六角螺栓 综合	kg	1.2402	1.3780	7.2800	20.7490
塑料带 20mm×40m	卷	0.0027	0.0030	0.0035	0.0110

续表

定　额　编　号		CLD 4-7	CLD 4-8	CLD 4-9	CLD 4-10
项　　　目		额定电压（kV）			
		10	35	110	220
计价材料	电力复合脂 kg	0.0099	0.0110	0.0110	0.0110
	乙醇 kg	0.0027	0.0030	0.0035	0.0110
	清洗剂 kg	0.0990	0.1100	0.1650	0.5500
	氧气 m³	0.4950	0.5500	0.5500	0.5500
	乙炔气 m³	0.1737	0.1930	0.1930	0.1930
	防锈漆 kg	0.2376	0.3080	0.3300	0.4400
	醇酸磁漆 kg	0.2970	0.3300	0.3300	0.3850
	普通调和漆 kg	0.4356	0.5280	0.5500	0.7150
	钢管脚手架　包括扣件 kg				77.4990
	木脚手板　50×250×4000 块				0.7750
	钢锯条　各种规格 根	4.0590	4.7630	4.9500	5.1700
	砂布 张	0.5940	0.6600	1.1000	1.6500
	无絮棉布 kg	0.0027	0.0030	0.0035	0.0110
	棉纱头 kg	0.0990	0.1100	0.1100	0.1100
	镀锌（建筑） t	0.0115	0.0126	0.0195	0.0281
	其他材料费 元	3.6500	3.8300	6.2100	19.1700
机具	汽车式起重机　起重量　5t 台班			0.1518	0.1265
	汽车式起重机　起重量　16t 台班				0.3795

续表

定 额 编 号			CLD 4-7	CLD 4-8	CLD 4-9	CLD 4-10
项 目			额定电压（kV）			
			10	35	110	220
机具	载重汽车 5t	台班		0.0115	0.0408	0.3232
	立式钻床 钻孔直径 φ25	台班	0.1265	0.1265	0.1265	0.1265
	交流弧焊机 容量 21kVA	台班	0.2657	0.2760	0.7337	1.2397
	高空作业车 30m 以内	台班		0.0115	0.0408	0.1967
	介质损耗测试仪	台班		0.0115	0.0408	0.1478
	交流耐压仪 设备耐压用 35kV 及以下	台班	0.0035	0.0035		
	油耐压试验仪	台班	0.0058	0.0058	0.0219	0.0983
	交直流高压分压器 100kV	台班	0.0069	0.0069		
	绝缘电阻测试仪 2500～10000V 2mA 以上	台班	0.0023	0.0023	0.0081	0.0983
	其他机具费	元	0.6700	1.4100	7.6600	32.6700

注 未计价材料：接地材料，穿墙套管。

4.3 软母线安装

工作内容：软母线安装，软母线跳线、绝缘子串安装，单体调试。

定额编号		CLD 4-11	CLD 4-12	CLD 4-13
项 目		35kV		
		截面（mm² 以下）		
		240	400	630
单 位		跨/三相	跨/三相	跨/三相
基 价（元）		**1922.10**	**2190.82**	**2772.08**
其中	人 工 费（元）	1143.85	1320.33	1633.70
	材 料 费（元）	108.47	113.38	155.16
	机 具 费（元）	669.78	757.11	983.22
名 称	单位	数 量		
人工 普通工	工日	2.0198	2.1373	2.6564
安装技术工	工日	5.5644	6.5504	8.0973
计价材料 镀锌六角螺栓 综合	kg	6.3140	6.3140	9.4710
镀锌铁丝	kg	2.3180	2.3180	2.4280
塑料带 20mm×40m	卷	0.0060	0.0060	0.0060
塑料带防辐照聚乙烯 20mm×40m	卷	0.0900	0.0900	0.1900
电力复合脂	kg	0.4450	0.5575	0.7800
乙醇	kg	0.3435	0.4560	0.7810

续表

定 额 编 号			CLD 4-11	CLD 4-12	CLD 4-13
项 目			35kV		
			截面（mm² 以下）		
			240	400	630
计价材料	丙酮 95%	kg	0.2700	0.2700	0.2700
	清洗剂	kg	0.2760	0.2760	0.3860
	醇酸防锈漆	kg	1.4840	1.4840	2.2260
	砂轮切割片 φ400	片	0.4500	0.6750	0.6750
	砂布	张	5.6000	5.6000	6.1500
	无絮棉布	kg	0.0060	0.0060	0.0060
	棉纱头	kg	0.8940	1.0065	1.1165
	其他材料费	元	2.1300	2.2200	3.0400
机具	汽车式起重机 起重量 5t	台班	0.0104	0.0276	0.0276
	载重汽车 5t	台班	0.0104	0.0276	0.0276
	高空作业车 20m 以内	台班	0.2001	0.2162	0.3243

176

续表

定 额 编 号			CLD 4-11	CLD 4-12	CLD 4-13
项 目			35kV		
			截面（mm² 以下）		
			240	400	630
机具	机动绞磨　3t 以内	台班	1.0980	1.1210	1.3616
	机动液压压接机　200t 以内	台班	0.5934	1.0180	1.3324
	交流耐压仪　设备耐压用　35kV 及以下	台班	0.2277	0.2277	0.2277
	交直流高压分压器　100kV	台班	0.1863	0.1863	0.1863
	绝缘电阻测试仪　2500～10000V　2mA 以上	台班	0.3933	0.3933	0.3933
	其他机具费	元	19.5100	22.0500	28.6400

注　未计价材料：软导线，绝缘子，金具。

工作内容: 软母线安装,软母线跳线、绝缘子串安装,单体调试。

定 额 编 号		CLD 4-14	CLD 4-15	CLD 4-16	CLD 4-17
项 目		110kV			
		截面 (mm² 以下)			
		240	400	630	2×630
单 位		跨/三相	跨/三相	跨/三相	跨/三相
基 价 (元)		**2662.77**	**2965.83**	**3225.49**	**5086.08**
其中	人 工 费 (元)	1404.67	1583.35	1770.79	3014.06
	材 料 费 (元)	160.73	179.93	200.37	335.39
	机 具 费 (元)	1097.37	1202.55	1254.33	1736.63
名 称	单位	数 量			
人工 普通工	工日	2.3124	2.5026	3.0093	5.1956
安装技术工	工日	6.9435	7.8950	8.6914	14.7454
计价材料 镀锌六角螺栓 综合	kg	9.4710	9.4710	9.4710	17.8598
镀锌铁丝	kg	3.0490	3.0490	3.7780	4.6285
塑料带 20mm×40m	卷	0.0070	0.0070	0.0070	0.0049
电力复合脂	kg	0.6585	1.0050	1.2300	2.4410
乙醇	kg	0.6640	1.1320	1.3570	2.4812
丙酮 95%	kg	0.5913	0.8100	0.8100	1.0726
清洗剂	kg	0.4240	0.4240	0.4240	1.0536
醇酸防锈漆	kg	2.2080	2.4510	2.9010	4.6645
砂轮切割片 φ400	片	0.6570	0.9000	1.3500	2.2610

续表

定 额 编 号			CLD 4-14	CLD 4-15	CLD 4-16	CLD 4-17
项 目			110kV			
			截面（mm² 以下）			
			240	400	630	2×630
计价材料	砂布	张	8.2200	10.6500	10.6500	13.1675
	无絮棉布	kg	0.0070	0.0070	0.0070	0.0049
	棉纱头	kg	1.3610	1.8290	2.0540	2.7889
	其他材料费	元	3.1500	3.5300	3.9300	6.5800
机具	汽车式起重机　起重量　5t	台班	0.0313	0.0587	0.0587	0.0411
	载重汽车　5t	台班	0.0313	0.0587	0.0587	0.0336
	高空作业车　20m 以内	台班	0.3002	0.3243	0.3243	0.7761
	机动绞磨　3t 以内	台班	1.8643	1.8988	1.8988	1.7457
	机动液压压接机　200t 以内	台班	1.2107	1.5494	2.1055	2.1188
	交直流高压分压器　100kV	台班	0.4278	0.4278	0.4278	0.2995
	绝缘电阻测试仪　2500～10000V　2mA 以上	台班	0.5566	0.5566	0.5566	0.3896
	其他机具费	元	31.9600	35.0300	36.5300	50.5800

注　未计价材料：软导线，绝缘子，金具。

工作内容：软母线安装，软母线跳线、绝缘子串安装，单体调试。

定 额 编 号			CLD 4-18	CLD 4-19	CLD 4-20	CLD 4-21
项 目			220kV			
			截面（mm² 以下）			
			400	630	2×630	2×1440
单 位			跨/三相	跨/三相	跨/三相	跨/三相
基 价（元）			**4093.54**	**4220.36**	**8284.10**	**8766.41**
其中	人 工 费（元）		2360.60	2415.01	5249.78	5447.31
	材 料 费（元）		231.98	239.64	359.78	458.46
	机 具 费（元）		1500.96	1565.71	2674.54	2860.64
名 称		单位	数 量			
人工	普通工	工日	3.7638	3.8201	9.0718	9.5225
	安装技术工	工日	11.7491	12.0399	25.6684	26.5624
计价材料	镀锌六角螺栓 综合	kg	9.4710	9.4710	10.5128	19.3384
	镀锌铁丝	kg	4.8580	4.6165	5.9740	6.2526
	塑料带 20mm×40m	卷	0.0090	0.0090	0.0100	0.0104
	电力复合脂	kg	1.5900	1.6125	2.9160	3.4638
	乙醇	kg	1.8990	1.8990	2.8155	2.9170
	丙酮 95%	kg	1.8900	1.5390	2.0200	2.0928
	清洗剂	kg	0.5360	0.5360	1.2055	1.7170
	醇酸防锈漆	kg	2.6850	3.2610	7.3504	8.2099
	砂轮切割片 φ400	片	1.8900	2.0220	2.2444	2.3253

续表

定　额　编　号			CLD 4-18	CLD 4-19	CLD 4-20	CLD 4-21
项　目			220kV			
			截面（mm² 以下）			
			400	630	2×630	2×1440
计价材料	砂布	张	14.2500	14.2500	23.7540	27.1400
	无絮棉布	kg	0.0090	0.0090	0.0100	0.0104
	棉纱头	kg	2.9680	3.2155	4.6126	5.1583
	其他材料费	元	4.5500	4.7000	7.0500	8.9900
机具	汽车式起重机　起重量　5t	台班	0.0414	0.0518	0.0587	0.0587
	载重汽车　5t	台班	0.0414	0.0414	0.0587	0.0587
	高空作业车　20m 以内	台班	0.5074	0.5187	1.1027	1.2108
	机动绞磨　3t 以内	台班	1.6555	1.8015	2.6605	2.7962
	机动液压压接机　200t 以内	台班	1.6760	1.7474	3.2478	3.4088
	交直流高压分压器　100kV	台班	0.8556	0.8556	0.8556	0.8556
	绝缘电阻测试仪　2500~10000V　2mA 以上	台班	1.4686	1.4686	1.4686	1.4686
	其他机具费	元	43.7200	45.6000	77.9000	83.3200

注　未计价材料：软导线，绝缘子，金具。

工作内容：软母线安装，软母线跳线、绝缘子串安装，单体调试。

定 额 编 号			CLD 4-22	CLD 4-23
项　　　目			330kV	
			截面（mm² 以下）	
			2×1440	扩径空心 600
单　　　位			跨/三相	跨/三相
基　　价（元）			**14828.56**	**11269.55**
其中	人 工 费（元）		8376.04	5361.77
	材 料 费（元）		634.99	558.78
	机 具 费（元）		5817.53	5349.00
名　　　称		单位	数　　　量	
人工	普通工	工日	14.6081	8.8891
	安装技术工	工日	40.8660	26.4630
计价材料	镀锌六角螺栓　综合	kg	31.5060	24.1610
	镀锌铁丝	kg	7.6160	9.0310
	塑料带　20mm×40m	卷	0.0130	0.0130
	电力复合脂	kg	4.7700	4.3450
	乙醇	kg	3.9130	2.9830
	丙酮　95%	kg	4.6800	2.9700
	清洗剂	kg	2.1240	1.7170
	醇酸防锈漆	kg	9.3000	8.8000
	砂轮切割片　φ400	片	3.1200	3.9600

续表

定 额 编 号			CLD 4-22	CLD 4-23
项　　　目			330kV	
			截面（mm² 以下）	
			2×1440	扩径空心 600
计价材料	砂布	张	33.7500	34.1000
	无絮棉布	kg	0.0130	0.0130
	棉纱头	kg	6.3730	5.0580
	其他材料费	元	12.4500	10.9600
机具	汽车式起重机　起重量　5t	台班	0.0756	0.0673
	载重汽车　5t	台班	0.0756	0.0518
	高空作业车　20m 以内	台班	0.8349	0.6147
	高空作业车　30m 以内	台班	1.7768	1.7768
	机动绞磨　3t 以内	台班	4.8160	4.3608
	机动液压压接机　200t 以内	台班	4.3671	3.7444
	交直流高压分压器　100kV	台班	1.1822	1.1822
	绝缘电阻测试仪　2500 ~ 10000V　2mA 以上	台班	2.1022	2.1022
	其他机具费	元	169.4400	155.8000

注　未计价材料：软导线，绝缘子，金具。

工作内容：软母线安装，软母线跳线、绝缘子串安装，单体调试。

定 额 编 号		CLD 4-24	CLD 4-25	CLD 4-26
项 目		500kV		
		截面（mm² 以下）		
		2×630	2×1440	4×630
单 位		跨/三相	跨/三相	跨/三相
基 价（元）		**21474.99**	**22578.69**	**32561.62**
其中	人 工 费（元）	14365.97	14408.94	21730.08
	材 料 费（元）	692.28	715.60	1226.83
	机 具 费（元）	6416.74	7454.15	9604.71
名 称	单位	数 量		
人工 普通工	工日	24.7754	25.1643	38.2673
安装技术工	工日	70.2738	70.2773	105.7768
计价材料 镀锌六角螺栓 综合	kg	21.6341	24.1610	24.1610
镀锌铁丝	kg	14.6013	14.3410	26.7710
塑料带 20mm×40m	卷	0.0155	0.0150	0.0150
电力复合脂	kg	5.3354	5.4550	8.9650
乙醇	kg	7.3697	7.1550	14.3820
丙酮 95%	kg	6.3036	6.1200	23.1980
清洗剂	kg	1.5811	1.7550	1.7550
醇酸防锈漆	kg	9.4760	9.9700	15.3900
砂轮切割片 φ400	片	4.2024	4.0800	7.3400

184

续表

定 额 编 号			CLD 4-24	CLD 4-25	CLD 4-26
项 目			500kV		
			截面（mm² 以下）		
			2×630	2×1440	4×630
计价材料	砂布	张	33.4750	34.7000	53.6300
	白洁布	kg	6.3036	6.1200	20.7840
	无絮棉布	kg	0.0155	0.0150	0.0150
	棉纱头	kg	7.3872	7.3370	13.7770
	其他材料费	元	13.5700	14.0300	24.0600
机具	汽车式起重机 起重量 5t	台班	0.1174	0.1174	
	汽车式起重机 起重量 50t	台班			0.6072
	载重汽车 5t	台班	0.0975	0.0975	0.0975
	高空作业车 20m 以内	台班	1.1002	1.0681	1.4959
	高空作业车 30m 以内	台班	1.4641	2.1321	2.1321
	机动绞磨 3t 以内	台班	5.5309	5.7272	5.1433
	机动液压压接机 200t 以内	台班	4.7617	5.0494	5.3530
	交直流高压分压器 100kV	台班	2.8399	2.7572	2.7572
	绝缘电阻测试仪 2500～10000V 2mA 以上	台班	5.2194	5.0674	5.0674
	其他机具费	元	186.9000	217.1100	279.7500

注 未计价材料：软导线，绝缘子，金具。

4.4 带形母线安装

工作内容：带形母线、伸缩节及附件安装，绝缘热缩护套及附件安装，单体调试。

定 额 编 号			CLD4-27	CLD4-28	CLD4-29	CLD4-30
项 目			（截面 mm^2 以下）			
			360	800	1000	1250
单 位			m	m	m	m
基 价 （元）			**31.60**	**41.89**	**48.26**	**51.42**
其中	人 工 费 （元）		14.41	18.82	23.21	24.84
	材 料 费 （元）		4.63	5.18	5.57	5.95
	机 具 费 （元）		12.56	17.89	19.48	20.63
名 称		单位	数 量			
人工	普通工	工日	0.0393	0.0458	0.0523	0.0588
	安装技术工	工日	0.0610	0.0833	0.1055	0.1110
计价材料	钨极棒	g	0.6930	0.7920	0.8910	0.9900
	镀锌六角螺栓 综合	kg	0.3300	0.3300	0.3300	0.3300
	电力复合脂	kg	0.0030	0.0060	0.0060	0.0070
	氩气	m^3	0.0690	0.0790	0.0890	0.0990
	醇酸磁漆	kg	0.0350	0.0450	0.0550	0.0590
	钢锯条 各种规格	根	0.0990	0.1780	0.1980	0.2480
	砂布	张	0.0500	0.0990	0.0990	0.1490

续表

定 额 编 号			CLD4-27	CLD4-28	CLD4-29	CLD4-30
项 目			（截面 mm² 以下）			
			360	800	1000	1250
计价材料	棉纱头	kg	0.0060	0.0070	0.0080	0.0090
	其他材料费	元	0.0900	0.1000	0.1100	0.1200
机具	液压母线平弯机　宽度×厚度　125mm×12mm	台班	0.0449	0.0656	0.0713	0.0748
	氩弧焊机　电流　500A	台班	0.0092	0.0092	0.0104	0.0127
	其他机具费	元	0.3700	0.5200	0.5700	0.6000

注　未计价材料：带形母线，金具，绝缘热缩护套。

4.5 槽形母线安装

工作内容：槽形母线及附件安装，单体调试。

定 额 编 号			CLD 4-31	CLD 4-32
项 目			2（150×65×7）	2（250×115×12.5）
单 位			m	m
基 价（元）			**207.13**	**276.48**
其中	人 工 费（元）		142.96	205.93
	材 料 费（元）		60.20	63.79
	机 具 费（元）		3.97	6.76
名 称		单位	数 量	
人工	普通工	工日	0.3250	0.4714
	安装技术工	工日	0.6478	0.9310
计价材料	铝焊丝	kg	0.0130	0.0250
	钨极棒	g	0.6440	1.2380
	镀锌六角螺栓 综合	kg	7.0440	7.0440
	电力复合脂	kg	0.0228	0.0279
	氩气	m³	0.0650	0.1240
	醇酸磁漆	kg	0.1490	0.2480
	钢锯条 各种规格	根	0.5608	0.7088
	砂布	张	0.9553	1.0378

定　额　编　号			CLD 4-31	CLD 4-32
项　　　目			2（150×65×7）	2（250×115×12.5）
计价材料	棉纱头	kg	0.0295	0.0388
	其他材料费	元	1.1800	1.2500
机具	氩弧焊机　电流　500A	台班	0.0368	0.0626
	其他机具费	元	0.1200	0.2000

注　未计价材料：槽形母线。

4.6 管形母线安装

工作内容：管形母线及附件安装，单体调试。

定 额 编 号		CLD 4-33	CLD 4-34	CLD 4-35
项 目		支持式		
		直径（以下）		
		ϕ80	ϕ130	ϕ250
单 位		m	m	m
基 价 （元）		**69.83**	**101.68**	**143.83**
其中	人 工 费 （元）	36.33	47.56	63.04
	材 料 费 （元）	7.13	14.87	22.78
	机 具 费 （元）	26.37	39.25	58.01
名 称	单位	数 量		
人工 普通工	工日	0.0499	0.0571	0.0651
安装技术工	工日	0.1861	0.2490	0.3370
计价材料 电焊条 J507 综合	kg	0.0235	0.0235	0.0235
铝焊丝	kg	0.0220	0.0536	0.1299
钨极棒	g	1.1000	2.9315	4.3230
镀锌六角螺栓 综合	kg	0.2197	0.4882	0.5722
镀锌铁丝	kg	0.0419	0.0419	0.0419
塑料带防辐照聚乙烯 20mm×40m	卷	0.0028	0.0028	0.0028

续表

定 额 编 号			CLD 4-33	CLD 4-34	CLD 4-35
项　　　　目			支持式		
			直径（以下）		
			$\phi80$	$\phi130$	$\phi250$
计价材料	电力复合脂	kg	0.0070	0.0070	0.0070
	乙醇	kg	0.0105	0.0105	0.0105
	丙酮　95%	kg	0.0084	0.0084	0.0084
	清洗剂	kg	0.0110	0.0232	0.0436
	氩气	m³	0.1100	0.2932	0.4323
	醇酸防锈漆	kg	0.0140	0.0140	0.0140
	醇酸磁漆	kg	0.0280	0.0596	0.1005
	钢锯条　各种规格	根	0.0012	0.0012	0.0012
	砂轮切割片　$\phi400$	片	0.0360	0.0726	0.1581
	砂布	张	0.2700	0.3981	0.5202
	棉纱头	kg	0.0270	0.0488	0.0860
	镀锌（建筑）	t	0.0003	0.0003	0.0003
	其他材料费	元	0.1400	0.2900	0.4500
机具	汽车式起重机　起重量　5t	台班	0.0003	0.0003	0.0003
	汽车式起重机　起重量　16t	台班	0.0173	0.0250	0.0377
	载重汽车　5t	台班	0.0003	0.0003	0.0003
	联合冲剪机　板厚　16mm	台班	0.0005	0.0005	0.0005

定 额 编 号			CLD 4-33	CLD 4-34	CLD 4-35
项 目			支持式		
			直径（以下）		
			ϕ80	ϕ130	ϕ250
机具	交流弧焊机 容量 21kVA	台班	0.0040	0.0040	0.0040
	氩弧焊机 电流 500A	台班	0.0207	0.0613	0.1053
	机动绞磨 3t 以内	台班	0.0062	0.0062	0.0062
	机动液压压接机 200t 以内	台班	0.0090	0.0090	0.0090
	交流耐压仪 设备耐压用 35kV 及以下	台班	0.0055	0.0055	0.0055
	交直流高压分压器 100kV	台班	0.0043	0.0043	0.0043
	绝缘电阻测试仪 2500～10000V 2mA 以上	台班	0.0094	0.0094	0.0094
	其他机具费	元	0.7700	1.1400	1.6900

注 未计价材料：管形母线，管形母线衬管，阻尼导线，金具。

4.7 封闭母线安装

工作内容： 封闭母线及附件安装，接地，补漆，单体调试。

定 额 编 号		CLD 4-36
项 目		共箱
		硬母体导体
单 位		m
基 价 （元）		**492.58**
其中	人 工 费 （元）	223.30
	材 料 费 （元）	62.71
	机 具 费 （元）	206.57
名 称	单位	数 量
人工 普通工	工日	0.5095
安装技术工	工日	1.0106
计价材料 钢垫板 综合	kg	0.6990
电焊条 J507 综合	kg	1.3850
铝焊丝	kg	0.2200
钨极棒	g	0.3850
镀锌六角螺栓 综合	kg	0.4320
镀锌铁丝	kg	0.1650
电力复合脂	kg	0.0940

续表

定 额 编 号			CLD 4-36
项 目			共箱
			硬母体导体
计价材料	清洗剂	kg	0.3300
	氧气	m³	0.0550
	乙炔气	m³	0.0200
	氩气	m³	0.4400
	普通调和漆	kg	0.1980
	钢管脚手架 包括扣件	kg	3.7210
	木脚手板 50×250×4000	块	0.0370
	钢锯条 各种规格	根	0.3300
	砂布	张	0.3300
	棉纱头	kg	0.1650
	其他材料费	元	1.2300
机具	汽车式起重机 起重量 8t	台班	0.1599
	载重汽车 5t	台班	0.0679
	交流弧焊机 容量 21kVA	台班	0.2277
	氩弧焊机 电流 500A	台班	0.1714
	其他机具费	元	6.0200

注 未计价材料：接地材料。

194

第 5 章 控制、继电保护屏

说　　明

一、本章内容

本章内容包括二次屏柜及附件安装、交直流电源安装、在线监测系统设备安装、铁构件及保护网制作安装、二次设备单体调试。

二、未包括的工作内容

1. 设备安装不包括二次喷漆，发生时执行本章相应定额子目。

2. 二次屏柜安装不包括支架、底座制作及安装，发生时执行本章相应定额子目。

3. 电气设备及元件的干燥。

4. 屏柜开孔。

三、工程量计算规则

1. 二次设备屏柜以"面"为计量单位，屏上附件安装以"个"为计量单位。

2. 免维护蓄电池安装以"只"为计量单位。

3. 交直流配电装置屏安装以"面"为计量单位。

4. 变压器、断路器/GIS、避雷器、蓄电池在线监测安装以"套"为计量单位。

5. 铁构件制作安装以"t"为计量单位，保护网制作安装、二次喷漆以"m^2"为计量单位。

6. 保护装置调试：变压器保护装置调试按主变台数计算，以"台/三相"为计量单位；送配电保护装置调试按"间隔"计算；母线保护调试按含母线设备的母线段数量计算，以"套"为计量单位；

母联、分段保护调试按"间隔"计算；断路器保护装置调试按断路器数量计算，以"台/三相"为计量单位；防孤岛保护装置调试按装置数量计算，以"套"为计量单位。

7. 自动装置调试：故障录波器、低频低压减负荷装置、远动装置、零功率切机装置、PMU同步相量装置、AGC装置、AVC装置、储能协调控制装置、故障测距装置、电压并列装置、电能量采集装置、继电保护试验电源装置、变压器微机冷却控制装置、变压器有载调压装置、区域安全稳定控制装置、电能质量监测装置、测控装置按装置数量计算，以"套"为计量单位。时间同步设备调试按主时钟数量计算，以"套"为计量单位。

8. 变电站、升压站微机监控元件调试以"站"为计量单位。

9. 智能变电站装置调试：合并单元、智能终端、网络报文记录和分析装置调试按装置数量计算，以"套"为计量单位。

四、其他说明

1. 二次设备屏柜安装适用于控制、自动装置、计量、保护、测控、试验电源、EMS等类型屏柜，不包括单体调试。智能汇控柜安装及电池管理系统（BMS）单独组屏安装时，执行定额乘以系数2.0。EMS的单体调试，根据实际配置的设备，执行相应单体调试定额子目。

2. 屏上附件安装适用于标签框、试验盒、光字牌、信号灯、附加电阻、连接片及二次回路熔断器、分流器，胶盖闸刀开关、刀型开关、组合开关、万能转换开关、限位开关，磁力起动器、自耦减压起动器、电阻器（箱）、变阻器、按钮、电磁制动器、漏电保护器等各种屏上附件。

3. 免维护蓄电池定额包含安装和单体调试。

4. 交直流配电装置屏安装包括设备安装及单体调试工作，综合考虑了为站内相关设备提供交直流电源的各种设备型式，适用于充电机屏、交直流进出线屏、厂用电源切换装置屏、逆变电源装置屏、事故照明切换装置屏、通信设备电源屏等。

5. 在线监测设备安装按设备数量计算，包含安装及单体调试工作。

6. 铁构件制作、安装适用于各类支架、底座、构件的制作、安装。铁构件制作安装中包括防腐处理，材料费另计。

7. 保护装置调试。

（1）保护装置调试均已包括装置及附属设备的所有单元件调试，保护装置内各种非重复保护功能的组合为一套，每增加一套保护增加定额子目乘以系数 0.6。

（2）高压电抗器保护装置执行相同电压等级的变压器保护装置定额子目。10kV 变压器保护装置带差动保护时定额子目乘以系数 1.2。

（3）母线保护调试定额按比率式编制，实际装置为其他形式时定额不作调整。

（4）保护测控一体化装置调试，执行相应保护装置调试定额乘以系数 1.4。

8. 自动装置调试。

（1）自动装置调试均已包括装置及附属设备的所有单元调试。装置的形式已作综合考虑，使用时不因形式差异作调整。

（2）事件顺序记录装置调试执行故障录波器定额子目乘以系数 2.0。

（3）无功补偿自动装置定额子目在独立配置时执行。

（4）智能故障录波装置调试，执行故障录波器定额子目乘以系数 2.0。

（5）时间同步设备调试包含主站时钟、扩展时钟、卫星接收机、卫星接收天线、馈线布放的调测等内容。

9. 变电站、升压站微机监控元件调试以站为单位计算，扩建主变压器时定额子目乘以系数 0.3，扩建间隔时每间隔乘以系数 0.1，扩建增加的系数绝对值不超过 1。

5.1 二次屏柜及附件安装

工作内容： 设备就位，本体安装，元器件安装及校线，接地，补漆。

	定 额 编 号		CLD 5-1	CLD 5-2
	项 目		二次设备屏柜	屏上附件安装
	单 位		面	个
	基 价（元）		**488.31**	**31.33**
其中	人 工 费（元）		356.55	29.79
	材 料 费（元）		17.95	1.54
	机 具 费（元）		113.81	
	名 称	单位	数 量	
人工	普通工	工日	0.6664	0.0196
	安装技术工	工日	1.7103	0.1666
计价材料	电焊条 J507 综合	kg	0.6460	
	镀锌六角螺栓 综合	kg	1.3730	0.1280
	自黏性橡胶带 25mm×20m	卷	0.1650	
	普通调和漆	kg	0.1100	
	钢锯条 各种规格	根		0.4180
	其他材料费	元	0.3500	0.0300

200

续表

定　额　编　号			CLD 5-1	CLD 5-2
项　　　　　目			二次设备屏柜	屏上附件安装
机具	汽车式起重机　起重量　8t	台班	0.0621	
	载重汽车　5t	台班	0.1058	
	交流弧焊机　容量　21kVA	台班	0.1058	
	其他机具费	元	3.3200	

注　未计价材料：接地材料。

5.2 交直流电源安装

工作内容：蓄电池及支架安装，接地，单体调试。

定 额 编 号			CLD 5-3	CLD 5-4	CLD 5-5
项 目			免维护蓄电池（Ah 以内）		
			300	600	1000
单 位			只	只	只
基 价 （元）			**57.19**	**68.45**	**99.52**
其中	人 工 费 （元）		29.23	32.48	51.66
	材 料 费 （元）		7.95	14.50	23.81
	机 具 费 （元）		20.01	21.47	24.05
名 称		单位	数 量		
人工	普通工	工日	0.0665	0.0714	0.1258
	安装技术工	工日	0.1324	0.1488	0.2286
计价材料	塑料管卡子 DN32	个	0.0419		
	塑料管卡子 DN50	个		0.2094	0.2094
	焊锡	kg	0.0009	0.0009	0.0009
	松香	kg	0.0009	0.0009	0.0009
	膨胀螺栓 M8	套	0.0838	0.4188	0.4188
	膨胀螺栓 M12	套	0.4713	0.4755	0.8394
	镀锌铁丝	kg	0.0002	0.0008	0.0008

续表

定 额 编 号			CLD 5-3	CLD 5-4	CLD 5-5
项　　目			免维护蓄电池（Ah 以内）		
			300	600	1000
计价材料	白炽灯泡　220V　100W	只	0.0270	0.0270	0.0270
	灯头瓷灯头	只	0.0270	0.0270	0.0270
	绝缘胶带　20mm×20m	卷	0.0086	0.0086	0.0086
	自黏性橡胶带　25mm×20m	卷	0.0135	0.0135	0.0180
	塑料带相色带　20mm×2000mm	卷	0.0457	0.0457	0.0498
	电力复合脂	kg	0.0031	0.0031	0.0042
	清洗剂	kg	0.0053	0.0055	0.0237
	碳酸氢钠（苏打）	kg	0.0270	0.0270	0.0270
	粘结剂　通用	kg	0.0003	0.0019	0.0019
	石油液化气	m³	0.0001	0.0013	0.0013
	耐酸漆	kg	0.0106	0.0110	0.0474
	电	kW·h	6.9209	13.8165	23.0047
	钢锯条　各种规格	根	0.0754	0.0779	0.0946
	电炉丝　220V　1000W	根	0.0360	0.0360	0.0450
	其他材料费	元	0.1600	0.2800	0.4700
机具	叉式起重机　起重量　3t	台班	0.0119	0.0131	0.0155
	叉式起重机　起重量　5t	台班		0.0001	0.0001
	载重汽车　5t	台班	0.0120	0.0132	0.0156

203

定 额 编 号			CLD 5-3	CLD 5-4	CLD 5-5
项 目			免维护蓄电池（Ah 以内）		
			300	600	1000
机具	载重汽车 8t	台班		0.0002	0.0002
	电流负载箱	台班	0.0099	0.0099	0.0099
	多功能交直流钳形测量仪	台班	0.0296	0.0296	0.0296
	其他机具费	元	0.5800	0.6300	0.7000

注　未计价材料：支架、接地材料。

工作内容：设备就位，本体安装，屏内接线，接地，单体调试。

定　额　编　号		CLD 5-6
项　　　目		交直流配电装置屏
单　　　位		面
基　价（元）		**2049.09**
其中	人　工　费（元）	1228.17
	材　料　费（元）	95.72
	机　具　费（元）	725.20
名　　称	单位	数　　量
人工 普通工	工日	0.9071
安装技术工	工日	6.8030
计价材料 圆钢　φ10以下	kg	0.6775
黄铜丝　综合	kg	0.0525
钢垫板　综合	kg	0.1348
电焊条　J507　综合	kg	1.0628
焊锡	kg	0.0143
松香焊锡丝	kg	0.0183
松香	kg	0.0143
镀锌六角螺栓　综合	kg	1.0177
软铜绞线　35mm^2	m	0.9167
铜接线端子　6mm^{2}以下	个	1.1000
绝缘胶带　20mm×20m	卷	0.2780

续表

定 额 编 号		CLD 5-6
项 目		交直流配电装置屏
计价材料	绝缘胶带 20mm×40m	卷	0.0790
	标签色带 （12～36）mm×8m	卷	0.0070
	自黏性橡胶带 25mm×20m	卷	0.0270
	热塑管	m	0.2567
	塑料带 20mm×40m	卷	0.1078
	电力复合脂	kg	0.0310
	白蜡	kg	0.0183
	乙醇	kg	0.0633
	清洗剂	kg	0.3974
	防锈漆	kg	0.1528
	醇酸磁漆	kg	0.2594
	普通调和漆	kg	0.2217
	沥青清漆	kg	0.1528
	钢锯条 各种规格	根	1.4356
	砂布	张	1.7902
	无絮棉布	kg	0.0267
	棉纱头	kg	0.3183
	尼龙绳 1 以下	kg	0.0037
	镀锌（建筑）	t	0.0125

续表

定　额　编　号			CLD 5-6
项　　　　目			交直流配电装置屏
计价材料	其他材料费	元	1.8800
机具	汽车式起重机　起重量　8t	台班	0.0799
	叉式起重机　起重量　5t	台班	0.0008
	载重汽车　4t	台班	0.0011
	载重汽车　5t	台班	0.1372
	交流弧焊机　容量　21kVA	台班	0.1742
	回路电阻测试仪　量程　1~1999μΩ	台班	0.6038
	电流负载箱	台班	0.0311
	开关特性测试仪（综合）	台班	0.6038
	交流耐压仪　设备耐压用　35kV 及以下	台班	0.3623

定　额　编　号			CLD 5-6
项　　　　目			交直流配电装置屏
机具	数字示波器	台班	0.1553
	直流标准源	台班	0.6038
	微机型高压断路器模拟装置（断路器模拟试验仪）	台班	0.4658
	交流采样校验装置	台班	0.1553
	多功能交直流钳形测量仪	台班	0.1242
	微机继电保护测试仪	台班	0.1859
	其他机具费	元	21.1200

注　未计价材料：接地材料。

5.3 在线监测系统设备安装

5.3.1 变压器在线监测设备安装

工作内容:设备就位,本体安装,元器件安装及校线,接地,单体调试。

定 额 编 号			CLD 5-7	CLD 5-8	CLD 5-9	CLD 5-10	CLD 5-11
项 目			测量 IED	变压器局部放电监测 IED	变压器油色谱在线监测 IED	变压器铁芯接地电流监测 IED	绕组光纤测温 IED
单 位			套	套	套	套	套
基 价 (元)			**1233.54**	**1387.34**	**4125.47**	**1086.74**	**1091.35**
其中	人 工 费 (元)		549.56	658.01	1308.64	766.44	766.44
	材 料 费 (元)		93.84	63.42	807.78	63.42	63.42
	机 具 费 (元)		590.14	665.91	2009.05	256.88	261.49
名 称		单位	数 量				
人工	普通工	工日	0.1829	0.1829	0.1829	0.1829	0.1829
	安装技术工	工日	3.1905	3.8438	7.7633	4.4970	4.4970
计价材料	等边角钢 边长50以下	kg	8.9350	8.9350	8.9350	8.9350	8.9350
	黄铜丝 综合	kg	0.5000				
	钢垫板 综合	kg	0.2980	0.2980	0.2980	0.2980	0.2980
	电焊条 J507 综合	kg	0.9230	0.9230	0.9230	0.9230	0.9230
	镀锌六角螺栓 综合	kg	0.6190	0.6190	0.6190	0.6190	0.6190
	乙醇	kg			10.0000		

续表

定 额 编 号			CLD 5-7	CLD 5-8	CLD 5-9	CLD 5-10	CLD 5-11
项 目			测量 IED	变压器局部放电监测 IED	变压器油色谱在线监测 IED	变压器铁芯接地电流监测 IED	绕组光纤测温 IED
计价材料	清洗剂	kg	0.1990	0.1990	0.1990	0.1990	0.1990
	色谱用标准混合气体 8L	瓶			10.0000		
	防锈漆	kg	0.1500	0.1500	0.1500	0.1500	0.1500
	普通调和漆	kg	0.1990	0.1990	0.1990	0.1990	0.1990
	钢锯条 各种规格	根	0.9130	0.9130	0.9130	0.9130	0.9130
	砂布	张	0.4960	0.4960	0.4960	0.4960	0.4960
	无絮棉布	kg			1.2400		
	棉纱头	kg	0.0990	0.0990	0.0990	0.0990	0.0990
	其他材料费	元	1.8400	1.2400	15.8400	1.2400	1.2400
机具	交流弧焊机 容量 21kVA	台班	0.1518	0.1518	0.1518	0.1518	0.1518
	气相色谱仪	台班			1.3915		
	继电保护测试系统	台班	0.0587	0.0587	0.0587	0.0587	0.0587
	数字多用表	台班	1.7250	1.7250			

续表

定 额 编 号			CLD 5-7	CLD 5-8	CLD 5-9	CLD 5-10	CLD 5-11
项 目			测量 IED	变压器局部放电监测 IED	变压器油色谱在线监测 IED	变压器铁芯接地电流监测 IED	绕组光纤测温 IED
机具	绕组温度计测试装置	台班					0.0299
	多功能振荡脱气仪	台班			2.3000		
	功能检测分析平台（电脑）	台班	4.6000	6.9000		6.9000	6.9000
	油微水测量仪	台班			1.1500		
	其他机具费	元	17.1900	19.4000	58.5200	7.4800	7.6200

注 未计价材料：接地材料。

定 额 编 号		CLD 5-12	CLD 5-13
项 目		电容式套管电容量、介质损耗因数监测 IED	变压器振动监测 IED
单 位		套	套
基 价（元）		**2409.14**	**1616.98**
其中	人 工 费（元）	1417.08	766.44
	材 料 费（元）	63.42	63.42
	机 具 费（元）	928.64	787.12
名 称	单位	数 量	
人工	普通工	工日	0.1829	0.1829
	安装技术工	工日	8.4165	4.4970
计价材料	等边角钢 边长 50 以下	kg	8.9350	8.9350
	钢垫板 综合	kg	0.2980	0.2980
	电焊条 J507 综合	kg	0.9230	0.9230
	镀锌六角螺栓 综合	kg	0.6190	0.6190
	清洗剂	kg	0.1990	0.1990
	防锈漆	kg	0.1500	0.1500
	普通调和漆	kg	0.1990	0.1990
	钢锯条 各种规格	根	0.9130	0.9130
	砂布	张	0.4960	0.4960
	棉纱头	kg	0.0990	0.0990
	其他材料费	元	1.2400	1.2400

续表

定 额 编 号			CLD 5-12	CLD 5-13
项　　　　目			电容式套管电容量、介质损耗因数监测 IED	变压器振动监测 IED
机具	交流弧焊机　容量　21kVA	台班	0.1518	0.1518
	介质损耗测试仪	台班	3.4500	
	继电保护测试系统	台班	0.0587	0.0587
	高精度振动信号分析仪	台班		0.5750
	振动校验仪	台班		0.5750
	功能检测分析平台（电脑）	台班	13.8000	6.9000
	其他机具费	元	27.0500	22.9300

5.3.2 断路器/GIS 在线监测设备安装

工作内容：设备就位，本体安装，元器件安装及校线，接地，单体调试。

定　额　编　号			CLD 5−14	CLD 5−15	CLD 5−16
项　　　　　目			断路器/GIS 局部放电监测 IED	断路器机械特性监测 IED	气体密度、水分监测 IED
单　　　　　位			套	套	套
基　　价（元）			**1291.81**	**1303.22**	**1021.53**
其中	人　工　费（元）		658.01	658.01	549.56
	材　料　费（元）		143.92	143.92	143.52
	机　具　费（元）		489.88	501.29	328.45
名　　　　　称		单位	数　　　量		
人工	普通工	工日	0.1829	0.1829	0.1829
	安装技术工	工日	3.8438	3.8438	3.1905
计价材料	等边角钢　边长 50 以下	kg	8.9350	8.9350	8.9350
	钢垫板　综合	kg	0.2980	0.2980	0.2980
	电焊条　J507　综合	kg	0.9230	0.9230	0.9230
	镀锌六角螺栓　综合	kg	0.6190	0.6190	0.6190
	清洗剂	kg	0.1990	0.1990	0.1990
	防锈漆	kg	0.1500	0.1500	0.1500
	普通调和漆	kg	0.1990	0.1990	0.1990
	电源线盘架　1.5mm^2×50m	盘	0.2500	0.2500	0.2500
	钢锯条　各种规格	根	0.9130	0.9130	0.9130

续表

定 额 编 号			CLD 5-14	CLD 5-15	CLD 5-16
项 目			断路器/GIS 局部放电监测 IED	断路器机械特性监测 IED	气体密度、水分监测 IED
计价材料	砂布	张	0.4960	0.4960	0.4960
	无絮棉布	kg	0.0500	0.0500	
	棉纱头	kg	0.0990	0.0990	0.0990
	其他材料费	元	2.8200	2.8200	2.8100
机具	交流弧焊机 容量 21kVA	台班	0.1518	0.1518	0.1518
	开关特性测试仪（综合）	台班		1.1500	
	无局部放电电源 400kW	台班	0.1150		
	局部放电测量仪 4 通道	台班	0.1150		
	SF$_6$ 密度继电器校验仪	台班			0.5750
	SF$_6$ 微水分析仪	台班			0.5750
	继电保护测试系统	台班	0.0587	0.0587	0.0587
	功能检测分析平台（电脑）	台班	2.3000	2.3000	2.3000
	绝缘电阻表（数字式）	台班	1.1500	1.1500	1.1500
	智能钳形相位伏安表	台班		1.1500	
	其他机具费	元	14.2700	14.6000	9.5700

注 未计价材料：接地材料。

5.3.3 其他设备在线监测装置安装

工作内容： 设备就位，本体安装，元器件安装及校线，接地，单体调试。

定 额 编 号			CLD 5-17	CLD 5-18
项 目			避雷器绝缘监测 IED	蓄电池在线监测装置
单 位			套	套
基 价 （元）			**1361.44**	**1585.75**
其中	人 工 费 （元）		873.10	1355.34
	材 料 费 （元）		145.78	32.25
	机 具 费 （元）		342.56	198.16
名 称		单位	数 量	
人工	普通工	工日	0.3398	0.3530
	安装技术工	工日	5.0365	7.9329
计价材料	等边角钢 边长50以下	kg	8.9350	4.2560
	钢垫板 综合	kg	0.2980	0.1240
	电焊条 J507 综合	kg	0.9230	0.3350
	镀锌六角螺栓 综合	kg	0.6190	0.3190
	绝缘胶带 20mm×20m	卷		1.2000
	清洗剂	kg	0.1990	0.0980
	防锈漆	kg	0.1500	0.0750
	普通调和漆	kg	0.1990	0.0990
	电源线盘架 $1.5mm^2 \times 50m$	盘	0.2500	
	钢锯条 各种规格	根	2.5810	

续表

定 额 编 号			CLD 5-17	CLD 5-18
项 目			避雷器绝缘监测 IED	蓄电池在线监测装置
计价材料	砂布	张	0.4960	
	棉纱头	kg	0.0990	
	其他材料费	元	2.8600	0.6300
机具	交流弧焊机 容量 21kVA	台班	0.1518	0.0771
	升压器 输入 0~220V，输出 0~76kV	台班	0.4600	
	继电保护测试系统	台班	0.2933	
	数字示波器	台班		0.5942
	避雷器测试仪（测阻波器里面的避雷器用）	台班	0.4600	
	微机继电保护测试仪	台班		0.3163
	绝缘电阻测试仪 2500~10000V 2mA 以上	台班	0.4600	
	功能检测分析平台（电脑）	台班	2.3000	0.5942
	其他机具费	元	9.9800	5.7700

注 未计价材料：接地材料。

5.4 铁构件及保护网制作安装

工作内容：制作、安装、接地、补漆。

定 额 编 号			CLD 5-19	CLD 5-20	CLD 5-21	CLD 5-22	CLD 5-23
项 目			铁构件制作	铁构件安装	保护网制作	保护网安装	二次喷漆
单 位			t	t	m²	m²	m²
基 价 （元）			**5112.43**	**3085.73**	**85.94**	**64.22**	**22.10**
其中	人 工 费 （元）		2664.87	2697.57	22.26	28.35	5.89
	材 料 费 （元）		983.88	108.76	14.54	33.85	11.93
	机 具 费 （元）		1463.68	279.40	49.14	2.02	4.28
名 称		单位	数 量				
人工	普通工	工日	6.0825	5.8268	0.0518	0.0659	0.0234
	安装技术工	工日	12.0595	12.4244	0.1001	0.1275	0.0201
计价材料	紫铜皮 0.5 以下	kg				0.1000	
	门窗铰链 100mm	个				2.8600	
	电焊条 J507 综合	kg	64.8781	14.9917	1.7654	0.1746	
	镀锌六角螺栓 综合	kg	59.6584				
	硝基漆稀释剂	kg					0.6010
	防锈漆	kg					0.1860
	普通调和漆	kg					0.1720
	钢锯条 各种规格	根	2.8507	1.2898	1.4300		

续表

定 额 编 号			CLD 5-19	CLD 5-20	CLD 5-21	CLD 5-22	CLD 5-23
项 目			铁构件制作	铁构件安装	保护网制作	保护网安装	二次喷漆
计价材料	砂布	张	65.9494				
	其他材料费	元	19.2900	2.1300	0.2900	0.6600	0.2300
机具	汽车式起重机 起重量 5t	台班	0.0575				
	载重汽车 5t	台班	0.0575				
	联合冲剪机 板厚 16mm	台班	1.4909		0.0667		
	交流弧焊机 容量 21kVA	台班	10.6690	4.0021	0.2896	0.0290	
	电动空气压缩机 排气量 0.6m³/min	台班					0.1001
	其他机具费	元	42.6300	8.1400	1.4300	0.0600	0.1200

注 未计价材料：铁件、网门、接地材料、防腐材料。

219

5.5 二次设备单体调试

5.5.1 保护装置调试

工作内容：保护装置及各附属单元调试（仪表、变送器等），接线检查，上电检查，开关量输入回路检验，输出触点及输出信号检查，模数变换系统检查，保护逻辑功能的校验，整定值的整定及检验等。

定　额　编　号			CLD 5-24	CLD 5-25	CLD 5-26	CLD 5-27	CLD 5-28	CLD 5-29
项　　　　目			变压器保护装置（kV）					
			10	35	110	220	330	500
单　　　　位			台/三相	台/三相	台/三相	台/三相	台/三相	台/三相
基　　价（元）			**848.92**	**2063.67**	**4198.97**	**7727.77**	**9655.62**	**14565.06**
其中	人　工　费（元）		683.17	1581.05	2828.32	4980.32	6763.39	11272.30
	材　料　费（元）		1.74	1.74	1.74	1.74	1.74	1.74
	机　具　费（元）		164.01	480.88	1368.91	2745.71	2890.49	3291.02
名　　称		单位	数　　量					
人工	安装技术工	工日	4.1155	9.5244	17.0381	30.0019	40.7433	67.9054
计价材料	绝缘胶带　20mm×20m	卷	0.5670	0.5670	0.5670	0.5670	0.5670	0.5670
	其他材料费	元	0.0300	0.0300	0.0300	0.0300	0.0300	0.0300

续表

定 额 编 号			CLD 5-24	CLD 5-25	CLD 5-26	CLD 5-27	CLD 5-28	CLD 5-29
项 目			变压器保护装置（kV）					
			10	35	110	220	330	500
机具	电阻箱	台班				0.6521	0.6521	0.6521
	变送器校验装置	台班			0.6521	1.3041	1.3041	1.3041
	指示仪表现场校验装置	台班			0.6521	1.3041	1.3041	1.3041
	交流采样校验装置	台班	0.1955	0.4192	0.6521	0.6521	0.6521	1.3041
	微机继电保护测试仪	台班	0.2944	0.9222	1.6953	3.5863	3.9123	4.5644
	其他机具费	元	4.7800	14.0100	39.8700	79.9700	84.1900	95.8600

定 额 编 号			CLD 5-30	CLD 5-31	CLD 5-32	CLD 5-33	CLD 5-34	CLD 5-35
项 目			送配电保护装置（kV）					
			10	35	110	220	330	500
单 位			间隔	间隔	间隔	间隔	间隔	间隔
基 价 （元）			**617.83**	**1886.07**	**3789.76**	**5347.50**	**8521.12**	**14440.71**
其中	人 工 费 （元）		433.76	1366.35	2504.96	3643.58	5693.07	10218.35
	材 料 费 （元）		2.04	2.04	2.04	2.04	2.04	2.04
	机 具 费 （元）		182.03	517.68	1282.76	1701.88	2826.01	4220.32
名 称		单位	数 量					
人工	安装技术工	工日	2.6130	8.2310	15.0901	21.9493	34.2956	61.5563
计价材料	绝缘胶带 20mm×20m	卷	0.6615	0.6615	0.6615	0.6615	0.6615	0.6615
	其他材料费	元	0.0400	0.0400	0.0400	0.0400	0.0400	0.0400
机具	电阻箱	台班				0.7607	0.7607	0.7607
	变送器校验装置	台班			0.7607	0.7607	1.5215	2.2822
	指示仪表现场校验装置	台班			0.7607	0.7607	1.5215	2.2822
	交流采样校验装置	台班	0.2174	0.4896	0.7607	0.7607	1.5215	2.2822
	微机继电保护测试仪	台班	0.3266	0.9781	1.2703	2.1300	3.0429	4.5644
	其他机具费	元	5.3000	15.0800	37.3600	49.5700	82.3100	122.9200

定 额 编 号			CLD 5-36	CLD 5-37	CLD 5-38	CLD 5-39	CLD 5-40	CLD 5-41	CLD 5-42
项 目			母线保护						
			400V	10kV	35kV	110kV	220kV	330kV	500kV
单 位			套	套	套	套	套	套	套
基 价 (元)			**34.56**	**341.90**	**1822.97**	**3569.95**	**4798.95**	**6574.07**	**8175.75**
其中	人 工 费 (元)		26.53	309.08	1344.40	2286.98	3224.28	4283.93	5824.46
	材 料 费 (元)		2.21	2.21	2.21	2.21	2.21	2.21	2.21
	机 具 费 (元)		5.82	30.61	476.36	1280.76	1572.46	2287.93	2349.08
名 称		单位	数 量						
人工	安装技术工	工日	0.1598	1.8619	8.0988	13.7770	19.4234	25.8068	35.0871
计价材料	绝缘胶带 20mm×20m	卷	0.7182	0.7182	0.7182	0.7182	0.7182	0.7182	0.7182
	其他材料费	元	0.0400	0.0400	0.0400	0.0400	0.0400	0.0400	0.0400
机具	电阻箱	台班					0.6247	0.8259	0.8259
	变送器校验装置	台班				0.6247	0.6247	0.8259	0.8259
	指示仪表现场校验装置	台班				0.6247	0.6247	0.8259	0.8259
	交流采样校验装置	台班		0.1311	0.6247	0.6247	0.6247	0.8259	0.8259
	微机继电保护测试仪	台班	0.0131	0.0187	0.8333	1.5551	2.1429	3.3037	3.4414
	其他机具费	元	0.1700	0.8900	13.8700	37.3000	45.8000	66.6400	68.4200

定 额 编 号			CLD 5-43	CLD 5-44	CLD 5-45	CLD 5-46	CLD 5-47	CLD 5-48	CLD 5-49
项 目			母联/分段保护（kV 以下）				断路器保护装置调试（kV）		防孤岛保护装置调试
			110	220	330	500	330	500	
单 位			间隔	间隔	间隔	间隔	台/三相	台/三相	套
基 价 （元）			**639.03**	**922.19**	**943.88**	**1207.60**	**1214.00**	**1645.14**	**1897.54**
其中	人 工 费 （元）		460.88	737.39	759.08	992.65	986.80	1341.33	1647.47
	材 料 费 （元）		9.31	9.31	9.31	9.31	9.31	9.31	16.48
	机 具 费 （元）		168.84	175.49	175.49	205.64	217.89	294.50	233.59
名 称		单位	数 量						
人工	安装技术工	工日	2.7764	4.4421	4.5728	5.9798	5.9446	8.0803	9.9245
计价材料	绝缘胶带 20mm×20m	卷	0.5950	0.5950	0.5950	0.5950	0.5950	0.5950	1.0530
	扩径导线 φ40	m	0.5950	0.5950	0.5950	0.5950	0.5950	0.5950	1.0530
	其他材料费	元	0.1800	0.1800	0.1800	0.1800	0.1800	0.1800	0.3200
机具	交流采样校验装置	台班	0.0978	0.1369	0.1369	0.1369	0.2300	0.2300	0.4246
	微机继电保护测试仪	台班	0.3427	0.3427	0.3427	0.4106	0.4025	0.5750	0.3633
	其他机具费	元	4.9200	5.1100	5.1100	5.9900	6.3500	8.5800	6.8000

5.5.2　自动装置调试

工作内容： 自动装置及各附属单元调试（仪表、变送器等），盘内查线，性能校验，开关量输入，输出回路检验，信号回路检查，装置整定及检验等。

定　额　编　号		CLD 5-50
项　　　　目		故障录波器
单　　　　位		套
基　　价（元）		**2058.06**
其中	人　工　费（元）	1405.37
	材　料　费（元）	1.99
	机　具　费（元）	650.70
名　　称	单位	数　　量
人工 安装技术工	工日	8.4661
计价材料 绝缘胶带　20mm×20m	卷	0.6480
其他材料费	元	0.0400
机具 交流采样校验装置	台班	1.4904
微机继电保护测试仪	台班	0.8942
其他机具费	元	18.9500

定 额 编 号		CLD 5−51	CLD 5−52
项 目		低频低压减负荷装置	远动装置
单 位		套	套
基 价（元）		**2687.46**	**4532.72**
其中	人 工 费（元）	1873.86	2937.62
	材 料 费（元）	3.99	2.09
	机 具 费（元）	809.61	1593.01
名 称	单位	数 量	
人工	安装技术工	工日	11.2883	17.6965
计价材料	绝缘胶带 20mm×20m	卷	1.2960	0.6804
	其他材料费	元	0.0800	0.0400
机具	交流采样校验装置	台班	1.4904	0.7825
	微机继电保护测试仪	台班	0.8942	1.4088
	信号发生器	台班	0.2981	1.5649
	其他机具费	元	23.5800	46.4000

226

定 额 编 号		CLD 5-53	CLD 5-54	CLD 5-55	CLD 5-56	CLD 5-57	CLD 5-58
项　　　　目		零功率切机装置	PMU 同步相量装置	AGC 装置	AVC 装置	储能协调控制器	时间同步设备
单　　　　位		套	套	套	套	套	套
基　　价（元）		**1724.57**	**4033.69**	**3750.49**	**3415.12**	**3123.72**	**4452.76**
其中	人　工　费（元）	1264.84	2986.42	2854.69	2913.30	2269.44	1519.40
	材　料　费（元）	1.99	4.24	3.24	4.99	17.02	24.66
	机　具　费（元）	457.74	1043.03	892.56	496.83	837.26	2908.70
名　　　称	单位			数　　量			
人工	普通工	工日						0.1759
	安装技术工	工日	7.6195	17.9905	17.1969	17.5500	13.6713	9.0375
计价材料	绝缘胶带　20mm×20m	卷	0.6480	1.3770	1.0530	1.6200		
	标签色带　（12~36）mm×8m	卷						1.1200
	自黏性橡胶带　25mm×20m	卷					0.9720	
	聚氯乙烯橡胶粘带　40mm×50m	卷					0.9720	
	乙醇	kg						0.2800
	脱脂棉	卷						0.2800
	其他材料费	元	0.0400	0.0800	0.0600	0.1000	0.3300	0.4800
机具	数字存储示波器	台班						1.4490
	直流标准源	台班				0.6985		
	交流采样校验装置	台班	0.7452	1.5836	1.4531	0.6532	0.9406	
	网络测试仪	台班						2.8980

续表

定 额 编 号			CLD 5-53	CLD 5-54	CLD 5-55	CLD 5-56	CLD 5-57	CLD 5-58
项 目			零功率切机装置	PMU 同步相量装置	AGC 装置	AVC 装置	储能协调控制器	时间同步设备
机具	漂移测试仪	台班						2.6565
	时钟测试仪	台班						1.4490
	微机继电保护测试仪	台班	0.7452	1.7419	1.4531	0.5589	1.5249	
	其他机具费	元	13.3300	30.3800	26.0000	14.4700	24.3900	84.7200

定 额 编 号		CLD 5-59	CLD 5-60	CLD 5-61	CLD 5-62	CLD 5-63	CLD 5-64
项 目		故障测距装置	电压并列装置	电能量采集装置	继电保护试验电源装置	变压器微机冷却控制装置	变压器有载调压装置
单 位		套	套	套	套	套	套
基 价 （元）		**2868.02**	**1834.13**	**2823.74**	**2160.59**	**2668.93**	**764.04**
其中	人 工 费 （元）	2133.76	1366.35	2104.18	1609.92	1988.02	568.22
	材 料 费 （元）	2.25	1.41	2.17	1.67	2.06	0.58
	机 具 费 （元）	732.01	466.37	717.39	549.00	678.85	195.24
名 称	单位	数 量					
人工 安装技术工	工日	12.8540	8.2310	12.6758	9.6983	11.9760	3.4230
计价材料 绝缘胶带 20mm×20m	卷	0.7308	0.4590	0.7056	0.5416	0.6678	0.1890
其他材料费	元	0.0400	0.0300	0.0400	0.0300	0.0400	0.0100
机具 交流采样校验装置	台班	1.6736	1.0661	1.6446	1.2563	1.5504	0.4451
微机继电保护测试仪	台班	1.0071	0.6417	0.9853	0.7549	0.9346	0.2691
其他机具费	元	21.3200	13.5800	20.8900	15.9900	19.7700	5.6900

定　额　编　号			CLD 5-65	CLD 5-66	CLD 5-67
项　　　　目			区域安全稳定控制装置（kV）		
			220	330	500
单　　　位			套	套	套
基　　　价　（元）			**14704.51**	**16175.81**	**21526.37**
其中	人　工　费（元）		10934.50	12027.58	16962.44
	材　料　费（元）		11.21	12.33	13.57
	机　具　费（元）		3758.80	4135.90	4550.36
名　　　称		单位	数　　　量		
人工	安装技术工	工日	65.8705	72.4553	102.1834
计价材料	绝缘胶带　20mm×20m	卷	3.6414	4.0068	4.4100
	其他材料费	元	0.2200	0.2400	0.2700
机具	交流采样校验装置	台班	8.5708	9.4257	10.3676
	微机继电保护测试仪	台班	5.1802	5.7018	6.2742
	其他机具费	元	109.4800	120.4600	132.5300

定 额 编 号			CLD 5-68
项 目			电能质量监测装置
单 位			套
基 价（元）			**2934.13**
其中	人 工 费（元）		2181.59
	材 料 费（元）		2.24
	机 具 费（元）		750.30
名 称		单位	数 量
人工	安装技术工	工日	13.1421
计价材料	绝缘胶带 20mm×20m	卷	0.7263
	其他材料费	元	0.0400
机具	交流采样校验装置	台班	1.7109
	微机继电保护测试仪	台班	1.0340
	其他机具费	元	21.8500

定 额 编 号		CLD 5-69	CLD 5-70	CLD 5-71	CLD 5-72	CLD 5-73
项 目		测控装置（kV）				
		10 以下	35	110	220	330、500
单 位		套	套	套	套	套
基 价（元）		**710.18**	**1208.44**	**2304.87**	**3334.41**	**4876.46**
其中	人 工 费（元）	585.57	1014.99	1844.56	2459.39	3689.12
	材 料 费（元）	11.34	11.34	11.34	11.34	11.34
	机 具 费（元）	113.27	182.11	448.97	863.68	1176.00
名 称	单位	数 量				
人工 安装技术工	工日	3.5275	6.1144	11.1118	14.8156	22.2236
计价材料 自黏性橡胶带 25mm×20m	卷	0.6480	0.6480	0.6480	0.6480	0.6480
聚氯乙烯橡胶粘带 40mm×50m	卷	0.6480	0.6480	0.6480	0.6480	0.6480
其他材料费	元	0.2200	0.2200	0.2200	0.2200	0.2200
机具 继电保护测试系统	台班	0.0472	0.0377	0.1956	0.3260	0.6521
数字存储示波器	台班	0.0472	0.0377	0.0652	0.1956	0.3912
交流采样校验装置	台班	0.1403	0.2613	0.9781	1.9562	2.6082
SOE 输入通道性能测试仪（分辨率测试）	台班	0.0472	0.0377	0.0652	0.0652	0.1304
时钟测试仪	台班	0.0472	0.0377	0.1304	0.2608	0.2608
微机继电保护测试仪	台班	0.0932	0.2236	0.3260	0.6521	0.6521
功能检测分析平台（电脑）	台班	0.0472	0.0377	0.6521	0.6521	1.3041
其他机具费	元	3.3000	5.3000	13.0800	25.1600	34.2500

5.5.3 变电站、升压站微机监控元件调试

工作内容：外观检查，开关量输入检查，控制输出检查，模拟量精度、线性度试验，脉冲量精度试验，通电调试，屏内接线检查。

定 额 编 号			CLD 5-74	CLD 5-75	CLD 5-76
项 目			电压（kV 以下）	电压（kV）	
			110	220	330、500
单 位			站	站	站
基 价（元）			**3835.23**	**6794.61**	**8857.88**
其中	人 工 费（元）		2738.10	5314.62	7085.44
	材 料 费（元）		2.91	2.91	2.91
	机 具 费（元）		1094.22	1477.08	1769.53
名 称		单位	数 量		
人工	安装技术工	工日	16.4946	32.0158	42.6834
计价材料	绝缘胶带 20mm×20m	卷	0.9450	0.9450	0.9450
	其他材料费	元	0.0600	0.0600	0.0600
机具	交流采样校验装置	台班	1.7814	2.4047	2.8808
	微机继电保护测试仪	台班	1.7814	2.4047	2.8808
	其他机具费	元	31.8700	43.0200	51.5400

5.5.4 智能变电站装置调试

工作内容：合并单元及附属单元调试，盘内查线，参数整定，装置 CID 配置文件检查，同步性能测试、
  TV 并列、切换功能测试，光功率裕度检测。

定　额　编　号			CLD 5-77
项　　　　目			合并单元
单　　　位			套
基　价（元）			**302.51**
其中	人　工　费（元）		111.93
	材　料　费（元）		2.49
	机　具　费（元）		188.09
名　　称		单位	数　　量
人工	安装技术工	工日	0.6743
计价材料	绝缘胶带　20mm×20m	卷	0.8100
	其他材料费	元	0.0500
机具	光万用表（光源、光功率计、光纤在线测试）	台班	0.2487
	网络测试仪	台班	0.2487
	数字多用表	台班	0.0829
	微机继电保护测试仪	台班	0.2487
	功能检测分析平台（电脑）	台班	0.2487
	其他机具费	元	5.4800

工作内容：智能终端及附属单元调试，盘内查线，参数整定，装置 CID 配置文件检查，光功率裕度检测。

定　额　编　号		CLD 5-78
项　　　目		智能终端
单　　　位		套
基　　价（元）		**254.01**
其中	人　工　费（元）	129.50
	材　料　费（元）	2.49
	机　具　费（元）	122.02
名　　　称	单位	数　量
人工　安装技术工	工日	0.7801
计价材料　绝缘胶带　20mm×20m	卷	0.8100
其他材料费	元	0.0500
机具　交流采样校验装置	台班	0.1244
光万用表（光源、光功率计、光纤在线测试）	台班	0.1244
数字多用表	台班	0.1244
微机继电保护测试仪	台班	0.1244
功能检测分析平台（电脑）	台班	0.1244
其他机具费	元	3.5500

工作内容：网络报文记录和分析装置及附属单元调试，高级分析功能检查。

定 额 编 号		CLD 5-79	CLD 5-80	CLD 5-81	CLD 5-82	CLD 5-83
项 目		网络报文记录和分析装置（kV）				
		35	110	220	330	500
单 位		套	套	套	套	套
基 价 （元）		**3965.54**	**4591.91**	**5168.79**	**5807.61**	**7219.43**
其中	人 工 费 （元）	1518.15	1897.70	2277.24	2656.76	3892.70
	材 料 费 （元）	78.50	88.43	127.84	150.26	168.21
	机 具 费 （元）	2368.89	2605.78	2763.71	3000.59	3158.52
名 称	单位	数 量				
人工 安装技术工	工日	9.1455	11.4319	13.7183	16.0046	23.4500
计价材料 电源线盘架 1.5mm^2×50m	盘	0.2450	0.2760	0.3990	0.4690	0.5250
其他材料费	元	1.5400	1.7300	2.5100	2.9500	3.3000
机具 交流采样校验装置	台班	2.4150	2.6565	2.8175	3.0590	3.2200
光万用表（光源、光功率计、光纤在线测试）	台班	2.4150	2.6565	2.8175	3.0590	3.2200
数字多用表	台班	2.4150	2.6565	2.8175	3.0590	3.2200
微机继电保护测试仪	台班	2.4150	2.6565	2.8175	3.0590	3.2200
功能检测分析平台（电脑）	台班	2.4150	2.6565	2.8175	3.0590	3.2200
其他机具费	元	69.0000	75.9000	80.5000	87.4000	92.0000

第 6 章　站内电缆敷设

说　　明

一、本章内容

本章内容包括控制电缆敷设、电力电缆敷设。

二、未包括的工作内容

10kV 及以上电缆终端制作安装，执行第 7 章相应定额。

三、工程量计算规则

1. 控制电缆敷设、1kV 以下电力电缆敷设以"100m"为单位计算。

2. 10kV 及以上电力电缆敷设区分电缆截面以"m/三相"为单位计算。

四、其他说明

1. 1kV 以下电力电缆、控制电缆敷设包含电缆终端制作安装及试验工作。

2. 电缆敷设定额按铜芯铝芯综合考虑，形式不同不作调整。

3. 电力电缆截面是指单芯电力电缆截面积，多芯电力电缆按照最大单芯截面积执行定额。

4. 10kV 电力电缆敷设按照三芯电缆考虑，如为单芯电缆，执行相同截面定额乘以系数 1.5。

5. 35kV 及以上电缆敷设按照单芯电缆考虑，如为三芯电缆，执行相同截面定额乘以系数 0.5。

6. 电缆敷设定额中均包含敷设前的摇测绝缘电阻、护层耐压等测试工作。

6.1 控制电缆敷设

工作内容：开盘，电缆检查，核对规格，移运，架盘，固定，敷设，锯断，摇测绝缘电阻，电缆终端制作安装，挂牌，电缆沟揭盖盖板等。

定 额 编 号		CLD 6-1
项 目		控制电缆
单 位		100m
基 价（元）		**653.67**
其中	人 工 费（元）	475.12
	材 料 费（元）	166.25
	机 具 费（元）	12.30
名 称	单位	数 量
人工 普通工	工日	2.0337
安装技术工	工日	1.5268
计价材料 铜螺栓 M4 以下	个	9.8560
镀锌铁丝	kg	0.2680
裸铜绞线 TJ10mm^2	kg	0.3185
铜接线端子 10mm^2	个	2.3206
端子排端子	个	4.9280
电缆卡子 40	个	21.5600
热收缩封头 1~4 号	只	4.3120

续表

定　额　编　号			CLD 6-1
项　　　　目			控制电缆
计价材料	封铅	kg	0.7107
	腊扎线	kg	0.0455
	尼龙扎带　$L=120$mm	根	22.7512
	尼龙扎带　$L=200$mm	根	12.9360
	绝缘胶带　20mm×40m	卷	0.2653
	电缆标识牌	个	106.6109
	自黏性橡胶带　25mm×20m	卷	1.2435
	异型塑料管　ϕ5	m	1.2970
	塑料带　20mm×40m	卷	1.0612
	棉纱头	kg	1.1376
	尼龙绳　ϕ25	kg	0.1312
	其他材料费	元	3.2600
机具	汽车式起重机　起重量　16t	台班	0.0074
	载重汽车　5t	台班	0.0083
	其他机具费	元	0.3600

注　未计价材料：电缆。

6.2 1kV 以下电力电缆敷设

工作内容： 开盘，电缆检查，核对规格，移运，架盘，固定，敷设，锯断，摇测绝缘电阻，电缆终端制作安装，挂牌，电缆沟揭盖盖板等。

定　额　编　号			CLD 6-2
项　　　　目			电力电缆 1kV 以下
			全站
单　　　位			100m
基　　价（元）			**905.12**
其中	人　工　费（元）		617.98
	材　料　费（元）		221.54
	机　具　费（元）		65.60
名　　称		单位	数　　量
人工	普通工	工日	3.1090
	安装技术工	工日	1.6813
计价材料	镀锌铁丝	kg	0.3346
	裸铜绞线　TJ25mm^2	kg	0.4712
	铜接线端子　25mm^2	个	1.5268
	铜接线端子　35mm^2	个	4.1092
	铜接线端子　120mm^2	个	0.9717
	铜接线端子　240mm^2	个	0.3770

续表

定 额 编 号			CLD 6-2
项 目			电力电缆 1kV 以下
			全站
计价材料	铜接线端子 400mm^2	个	0.8294
	电缆卡子 40	个	11.2526
	电缆卡子 60	个	3.2237
	电缆卡子 80	个	1.5213
	电缆卡子 100	个	2.4902
	热收缩封头 1~4 号	只	3.6975
	封铅	kg	0.9978
	尼龙扎带 $L=200mm$	根	6.7516
	尼龙扎带 $L=300mm$	根	1.9342
	尼龙扎带 $L=400mm$	根	2.4069
	电缆标识牌	个	0.0085
	自黏性橡胶带 25mm×20m	卷	1.7049
	塑料带 20mm×40m	卷	0.4911
	塑料带相色带 20mm×2000mm	卷	0.2197
	电力复合脂	kg	0.0765
	乙醇	kg	0.0108
	无絮棉布	kg	0.8794
	聚四氟乙烯生料带	卷	0.0646

续表

定 额 编 号			CLD 6-2
项 目			电力电缆 1kV 以下
			全站
计价材料	尼龙绳 φ25	kg	0.1125
	其他材料费	元	4.3400
机具	汽车式起重机 起重量 16t	台班	0.0161
	载重汽车 5t	台班	0.0187
	机动液压压接机 100t 以内	台班	0.0263
	标准电抗器（试验用）	台班	0.2447
	绝缘电阻测试仪 2500~10000V 2mA 以上	台班	0.1224
	恒温电烘箱 2000W	台班	0.1205
	其他机具费	元	1.9100

注 未计价材料：电缆。

6.3 10kV 电力电缆敷设

工作内容：开盘，电缆检查，核对规格，移运，架盘，固定，挖填土，沟槽清理，电缆沟揭盖盖板，牵引头安装，放、收钢丝绳，敷设，锯断，摇测绝缘电阻，护层耐压，封头，固定电缆，挂牌等。

定 额 编 号			CLD 6-3	CLD 6-4	CLD 6-5
项 目			10kV（截面 mm^2 以下）		
			120	240	400
单 位			m/三相	m/三相	m/三相
基 价（元）			**8.78**	**13.07**	**20.35**
其中	人 工 费（元）		7.67	10.65	17.27
	材 料 费（元）		0.88	1.44	1.78
	机 具 费（元）		0.23	0.98	1.30
名 称		单位	数 量		
人工	普通工	工日	0.0487	0.0677	0.1097
	安装技术工	工日	0.0142	0.0197	0.0320
计价材料	镀锌铁丝	kg	0.0065	0.0072	0.0072
	电缆卡子 60	个	0.2695		
	电缆卡子 80	个		0.2695	
	电缆卡子 100	个			0.2695
	热收缩封头 1~4 号	只	0.0539	0.0539	0.0539

续表

定　额　编　号			CLD 6-3	CLD 6-4	CLD 6-5
项　　　　目			10kV（截面　mm² 以下）		
			120	240	400
计价材料	封铅	kg	0.0167	0.0218	0.0305
	尼龙扎带　L=300mm	根	0.1617		
	尼龙扎带　L=400mm	根		0.1617	0.1617
	自黏性橡胶带　25mm×20m	卷	0.0043	0.0054	0.0065
	尼龙绳　φ25	kg	0.0016	0.0016	0.0016
	其他材料费	元	0.0200	0.0300	0.0300
机具	汽车式起重机　起重量　16t	台班	0.0001	0.0006	0.0008
	载重汽车　5t	台班	0.0002	0.0006	0.0008
	交流耐压仪　设备耐压用　35kV 及以下	台班	0.0001	0.0001	0.0001
	绝缘电阻测试仪　2500～10000V　2mA 以上	台班	0.0001	0.0001	0.0001
	其他机具费	元	0.0100	0.0300	0.0400

注　未计价材料：电缆。

6.4 35kV 电力电缆敷设

工作内容： 开盘，电缆检查，核对规格，移运，架盘，固定，挖填土，沟槽清理，电缆沟揭盖盖板，牵引头安装，电缆固定绳包扎，放、收钢丝绳，敷设，锯断，挂牌，固定金具安装，摇测绝缘电阻，护层耐压，封头，固定电缆等。

	定 额 编 号		CLD 6-6	CLD 6-7	CLD 6-8
	项 目		沟槽直埋 （mm²）		
			150 以内	240 以内	400 以内
	单 位		m/三相	m/三相	m/三相
	基 价 （元）		**52.40**	**56.34**	**60.91**
其中	人 工 费 （元）		28.29	29.61	30.62
	材 料 费 （元）		1.04	1.15	1.25
	机 具 费 （元）		23.07	25.58	29.04
	名 称	单位	数 量		
人工	普通工	工日	0.1353	0.1395	0.1423
	安装技术工	工日	0.0816	0.0868	0.0910
计价材料	钢丝绳 φ15 以下	kg	0.0300	0.0360	0.0400
	黄铜丝 综合	kg	0.0020	0.0020	0.0020
	镀锌铁丝	kg	0.0060	0.0060	0.0060
	封铅	kg	0.0110	0.0110	0.0110
	自黏性橡胶带 25mm×20m	卷	0.0400	0.0400	0.0400

续表

定 额 编 号			CLD 6-6	CLD 6-7	CLD 6-8
项 目			沟槽直埋 （mm²）		
			150 以内	240 以内	400 以内
计价材料	塑料带　20mm×40m	卷	0.0120	0.0120	0.0120
	凡士林	kg	0.0250	0.0350	0.0430
	硬酯酸　一级	kg	0.0020	0.0020	0.0020
	清洗剂	kg	0.0080	0.0080	0.0080
	钢锯条　各种规格	根	0.0080	0.0080	0.0100
	无絮棉布	kg	0.0020	0.0020	0.0040
	其他材料费	元	0.0200	0.0200	0.0200
机具	轮胎式装载机　斗容量　2m³	台班	0.0040	0.0040	0.0040
	履带式单斗液压挖掘机　斗容量　1m³	台班	0.0005	0.0005	0.0005
	电动夯实机　夯击能量　250N·m	台班	0.0120	0.0120	0.0120
	汽车式起重机　起重量　12t	台班	0.0031	0.0040	0.0051
	载重汽车　4t	台班	0.0036	0.0041	0.0048
	载重汽车　6t	台班	0.0099	0.0099	0.0099

续表

定 额 编 号			CLD 6-6	CLD 6-7	CLD 6-8
项 目			沟槽直埋（mm²）		
			150 以内	240 以内	400 以内
机具	载重汽车 8t	台班	0.0033	0.0044	0.0053
	自卸汽车 12t	台班	0.0018	0.0018	0.0018
	电动单筒慢速卷扬机 50kN	台班	0.0040	0.0044	0.0048
	电缆输送机 JSD-3	台班	0.0040	0.0058	0.0097
	交流耐压仪 设备耐压用 35kV 及以下	台班	0.0150	0.0150	0.0150
	绝缘电阻测试仪 2500～10000V 2mA 以上	台班	0.0150	0.0150	0.0150
	其他机具费	元	0.6700	0.7500	0.8500

注 未计价材料：电缆、固定金具。

定 额 编 号		CLD 6-9	CLD 6-10	CLD 6-11
项 目		电缆沟内（mm²)		
		150 以内	240 以内	400 以内
单 位		m/三相	m/三相	m/三相
基 价 （元）		**33. 39**	**38. 02**	**42. 69**
其中	人 工 费（元）	15. 90	17. 95	19. 15
	材 料 费（元）	0. 87	0. 91	0. 95
	机 具 费（元）	16. 62	19. 16	22. 59
名 称	单位	数 量		
人工 普通工	工日	0. 0393	0. 0453	0. 0481
安装技术工	工日	0. 0700	0. 0784	0. 0838
计价材料 钢丝绳 φ15 以下	kg	0. 0300	0. 0360	0. 0400
黄铜丝 综合	kg	0. 0020	0. 0020	0. 0020
镀锌铁丝	kg	0. 0060	0. 0060	0. 0060
封铅	kg	0. 0110	0. 0110	0. 0110
自黏性橡胶带 25mm×20m	卷	0. 0400	0. 0400	0. 0400
塑料带 20mm×40m	卷	0. 0120	0. 0120	0. 0120
硬酯酸 一级	kg	0. 0020	0. 0020	0. 0020
清洗剂	kg	0. 0080	0. 0080	0. 0080
钢锯条 各种规格	根	0. 0080	0. 0080	0. 0080
无絮棉布	kg	0. 0020	0. 0020	0. 0040
其他材料费	元	0. 0200	0. 0200	0. 0200

定　额　编　号			CLD 6-9	CLD 6-10	CLD 6-11
项　　　　目			电缆沟内（mm^2）		
			150 以内	240 以内	400 以内
机具	汽车式起重机　起重量　12t	台班	0.0031	0.0040	0.0051
	载重汽车　4t	台班	0.0036	0.0041	0.0048
	载重汽车　6t	台班	0.0099	0.0099	0.0099
	载重汽车　8t	台班	0.0033	0.0044	0.0053
	电动单筒慢速卷扬机　50kN	台班	0.0036	0.0041	0.0044
	电缆输送机　JSD-3	台班	0.0040	0.0058	0.0097
	交流耐压仪　设备耐压用　35kV 及以下	台班	0.0150	0.0150	0.0150
	绝缘电阻测试仪　2500～10000V　2mA 以上	台班	0.0150	0.0150	0.0150
	其他机具费	元	0.4800	0.5600	0.6600

定额编号		CLD 6-12	CLD 6-13	CLD 6-14
项目		排管内（mm²）		
		150 以内	240 以内	400 以内
单位		m/三相	m/三相	m/三相
基价（元）		**46.83**	**51.39**	**56.94**
其中	人工费（元）	23.30	25.11	26.96
	材料费（元）	2.28	2.86	3.45
	机具费（元）	21.25	23.42	26.53
名称	单位	数量		
人工	普通工	工日	0.0543	0.0613	0.0673
	安装技术工	工日	0.1047	0.1110	0.1182
计价材料	圆钢 φ10 以上	kg	0.0640	0.0640	0.0640
	钢丝绳 φ15 以下	kg	0.0300	0.0360	0.0400
	黄铜丝 综合	kg	0.0020	0.0020	0.0020
	镀锌铁丝	kg	0.0060	0.0060	0.0060
	封铅	kg	0.0110	0.0100	0.0100
	自黏性橡胶带 25mm×20m	卷	0.0400	0.0400	0.0400
	塑料带 20mm×40m	卷	0.0120	0.0120	0.0120
	凡士林	kg	0.1600	0.2400	0.3200
	硬酯酸 一级	kg	0.0020	0.0020	0.0020
	清洗剂	kg	0.0080	0.0080	0.0080
	钢锯条 各种规格	根	0.0080	0.0080	0.0080

251

续表

定 额 编 号			CLD 6-12	CLD 6-13	CLD 6-14
项 目			排管内（mm²）		
			150 以内	240 以内	400 以内
计价材料	无絮棉布	kg	0.0020	0.0020	0.0020
	其他材料费	元	0.0400	0.0600	0.0700
机具	汽车式起重机 起重量 12t	台班	0.0038	0.0047	0.0058
	载重汽车 4t	台班	0.0036	0.0043	0.0049
	载重汽车 6t	台班	0.0100	0.0100	0.0100
	载重汽车 8t	台班	0.0038	0.0047	0.0058
	电动单筒慢速卷扬机 50kN	台班	0.0076	0.0083	0.0092
	污水泵 出口直径 φ100	台班	0.0187	0.0205	0.0245
	电缆输送机 JSD-3	台班	0.0040	0.0040	0.0049
	交流耐压仪 设备耐压用 35kV 及以下	台班	0.0150	0.0150	0.0150
	绝缘电阻测试仪 2500～10000V 2mA 以上	台班	0.0150	0.0150	0.0150
	其他机具费	元	0.6200	0.6800	0.7700

6.5　110kV 电力电缆敷设

工作内容： 开盘，电缆检查，核对规格，移运，架盘，固定，电缆沟揭盖盖板，牵引头安装，电缆固定绳包扎，放、收钢丝绳，敷设，锯断，挂牌，固定金具安装，摇测绝缘电阻，护层耐压，封头，固定电缆等。

定　额　编　号			CLD 6-15	CLD 6-16	CLD 6-17
项　　　　目			电缆沟内（mm²）		
			400 以内	800 以内	1200 以内
单　　　位			m/三相	m/三相	m/三相
基　　　价（元）			**55.64**	**61.22**	**72.09**
其中	人　工　费（元）		21.14	23.71	30.17
	材　料　费（元）		0.94	1.09	1.23
	机　具　费（元）		33.56	36.42	40.69
名　　　称		单位	数　　　量		
人工	普通工	工日	0.0573	0.0643	0.0808
	安装技术工	工日	0.0897	0.1006	0.1287
计价材料	钢丝绳　φ15 以下	kg	0.0150	0.0170	0.0200
	黄铜丝　综合	kg	0.0029	0.0040	0.0048
	镀锌六角螺栓　综合	kg	0.0150	0.0160	0.0180
	镀锌铁丝	kg	0.0020	0.0020	0.0030
	热缩管帽	只	0.0200	0.0200	0.0200

定 额 编 号			CLD 6-15	CLD 6-16	CLD 6-17
项 目			电缆沟内（mm²）		
			400 以内	800 以内	1200 以内
计价材料	封铅	kg	0.0180	0.0200	0.0220
	塑料带 20mm×40m	卷	0.0030	0.0180	0.0200
	硬酯酸 一级	kg	0.0024	0.0024	0.0028
	清洗剂	kg	0.0054	0.0054	0.0063
	石油液化气	m³	0.0043	0.0047	0.0051
	钢锯条 各种规格	根	0.0108	0.0108	0.0135
	无絮棉布	kg	0.0051	0.0051	0.0068
	其他材料费	元	0.0200	0.0200	0.0200
机具	汽车式起重机 起重量 20t	台班	0.0031	0.0033	0.0038
	汽车式起重机 起重量 40t	台班	0.0014	0.0016	0.0017
	载重汽车 4t	台班	0.0062	0.0069	0.0075

续表

定 额 编 号			CLD 6-15	CLD 6-16	CLD 6-17
项 目			电缆沟内（mm²）		
			400 以内	800 以内	1200 以内
机具	载重汽车 6t	台班	0.0049	0.0049	0.0049
	平板拖车组 40t	台班	0.0041	0.0045	0.0048
	电动单筒慢速卷扬机 30kN	台班	0.0032	0.0038	0.0041
	电缆输送机 JSD-3	台班	0.0315	0.0346	
	电缆输送机 JSD-5	台班			0.0399
	交流耐压仪 设备耐压用 35kV 及以下	台班	0.0184	0.0184	0.0184
	绝缘电阻测试仪 2500～10000V 2mA 以上	台班	0.0184	0.0184	0.0184
	其他机具费	元	0.9800	1.0600	1.1900

注 未计价材料：电缆、固定金具。

定 额 编 号		CLD 6-18	CLD 6-19	CLD 6-20
项 目		排管内（mm²）		
		400 以内	800 以内	1200 以内
单 位		m/三相	m/三相	m/三相
基 价（元）		**62. 38**	**68. 08**	**80. 90**
其中	人 工 费（元）	24. 58	27. 54	35. 54
	材 料 费（元）	2. 81	3. 40	4. 51
	机 具 费（元）	34. 99	37. 14	40. 85
名 称	单位	数 量		
人工 普通工	工日	0. 0633	0. 0713	0. 0924
安装技术工	工日	0. 1065	0. 1191	0. 1534
计价材料 圆钢 φ10 以上	kg	0. 0948	0. 0948	0. 0948
钢丝绳 φ15 以下	kg	0. 0150	0. 0170	0. 0200
黄铜丝 综合	kg	0. 0036	0. 0050	0. 0060
镀锌铁丝	kg	0. 0020	0. 0020	0. 0030
热缩管帽	只	0. 0200	0. 0200	0. 0200
封铅	kg	0. 0200	0. 0200	0. 0220
塑料带 20mm×40m	卷	0. 0180	0. 0180	0. 0200
凡士林	kg	0. 2112	0. 2816	0. 4224
硬酯酸 一级	kg	0. 0030	0. 0030	0. 0035
清洗剂	kg	0. 0054	0. 0054	0. 0063
钢锯条 各种规格	根	0. 0108	0. 0108	0. 0135

定 额 编 号			CLD 6-18	CLD 6-19	CLD 6-20
项 目			排管内（mm²）		
			400 以内	800 以内	1200 以内
计价材料	无絮棉布	kg	0.0051	0.0051	0.0068
	其他材料费	元	0.0600	0.0700	0.0900
机具	汽车式起重机 起重量 20t	台班	0.0031	0.0033	0.0038
	汽车式起重机 起重量 40t	台班	0.0017	0.0018	0.0020
	载重汽车 4t	台班	0.0062	0.0070	0.0076
	载重汽车 6t	台班	0.0051	0.0051	0.0051
	平板拖车组 40t	台班	0.0043	0.0046	0.0049
	电动单筒慢速卷扬机 50kN	台班	0.0139	0.0160	0.0181
	污水泵 出口直径 φ100	台班	0.0240	0.0240	0.0261
	电缆输送机 JSD-3	台班	0.0160	0.0169	
	电缆输送机 JSD-5	台班			0.0191
	交流耐压仪 设备耐压用 35kV 及以下	台班	0.0184	0.0184	0.0184
	绝缘电阻测试仪 2500～10000V 2mA 以上	台班	0.0184	0.0184	0.0184
	其他机具费	元	1.0200	1.0800	1.1900

6.6 220kV 电力电缆敷设

工作内容：开盘，电缆检查，核对规格，移运，架盘，固定，电缆沟揭盖盖板，牵引头安装，电缆固定绳包扎，放、收钢丝绳，敷设，锯断，挂牌，固定金具安装，摇测绝缘电阻，护层耐压，封头，固定电缆等。

定 额 编 号			CLD 6-21	CLD 6-22	CLD 6-23	CLD 6-24
项 目			电缆沟内（mm^2）			
			800 以内	1200 以内	1600 以内	2000 以内
单 位			m/三相	m/三相	m/三相	m/三相
基 价（元）			**76.03**	**88.89**	**114.76**	**138.98**
其中	人 工 费（元）		36.09	42.52	50.70	60.53
	材 料 费（元）		1.30	1.63	1.96	2.13
	机 具 费（元）		38.64	44.74	62.10	76.32
名 称		单位	数 量			
人工	普通工	工日	0.0975	0.1149	0.1371	0.1638
	安装技术工	工日	0.1534	0.1807	0.2154	0.2571
计价材料	钢丝绳 ϕ15 以下	kg	0.0180	0.0260	0.0325	0.0357
	黄铜丝 综合	kg	0.0050	0.0085	0.0106	0.0116
	膨胀螺栓 M12	套	0.1600	0.1728	0.1920	0.1984
	镀锌铁丝	kg	0.0027	0.0029	0.0036	0.0039
	热缩管帽	只	0.0200	0.0200	0.0200	0.0200

续表

定 额 编 号			CLD 6-21	CLD 6-22	CLD 6-23	CLD 6-24
项 目			电缆沟内（mm²）			
			800 以内	1200 以内	1600 以内	2000 以内
计价材料	封铅	kg	0.0200	0.0220	0.0275	0.0302
	塑料带　20mm×40m	卷	0.0288	0.0320	0.0400	0.0440
	硬酯酸　一级	kg	0.0030	0.0035	0.0044	0.0048
	清洗剂	kg	0.0060	0.0066	0.0083	0.0091
	石油液化气	m³	0.0050	0.0061	0.0073	0.0080
	钢锯条　各种规格	根	0.0120	0.0140	0.0175	0.0192
	无絮棉布	kg	0.0060	0.0070	0.0110	0.0138
	其他材料费	元	0.0300	0.0300	0.0400	0.0400
机具	汽车式起重机　起重量　20t	台班	0.0035	0.0041	0.0104	0.0115
	汽车式起重机　起重量　40t	台班	0.0016	0.0020	0.0051	0.0053
	载重汽车　4t	台班	0.0071	0.0092	0.0109	0.0202

续表

定 额 编 号			CLD 6-21	CLD 6-22	CLD 6-23	CLD 6-24
项 目			电缆沟内（mm²）			
			800 以内	1200 以内	1600 以内	2000 以内
机具	载重汽车 6t	台班	0.0049	0.0049	0.0049	0.0049
	平板拖车组 40t	台班	0.0048	0.0054	0.0068	0.0084
	电动单筒慢速卷扬机 30kN	台班	0.0049	0.0051	0.0056	0.0056
	电缆输送机 JSD-3	台班	0.0346			
	电缆输送机 JSD-5	台班		0.0399	0.0420	0.0566
	交流耐压仪 设备耐压用 35kV 及以下	台班	0.0253	0.0253	0.0253	0.0253
	绝缘电阻测试仪 2500～10000V 2mA 以上	台班	0.0253	0.0253	0.0253	0.0253
	其他机具费	元	1.1300	1.3000	1.8100	2.2200

注 未计价材料：电缆、固定金具。

定 额 编 号		CLD 6-25	CLD 6-26	CLD 6-27	CLD 6-28
项 目		排管内（mm²）			
		800 以内	1200 以内	1600 以内	2000 以内
单 位		m/三相	m/三相	m/三相	m/三相
基 价（元）		**84.14**	**99.42**	**135.86**	**156.11**
其中	人 工 费（元）	38.91	48.80	63.84	74.16
	材 料 费（元）	3.24	4.07	5.14	5.78
	机 具 费（元）	41.99	46.55	66.88	76.17
名 称	单位	数 量			
人工 普通工	工日	0.1019	0.1285	0.1693	0.1968
安装技术工	工日	0.1675	0.2096	0.2734	0.3175
计价材料 圆钢 φ10 以上	kg	0.0948	0.0948	0.0948	0.1020
钢丝绳 φ15 以下	kg	0.0180	0.0260	0.0340	0.0420
黄铜丝 综合	kg	0.0050	0.0085	0.0110	0.0140
镀锌铁丝	kg	0.0027	0.0029	0.0036	0.0039
热缩管帽	只	0.0200	0.0200	0.0200	0.0200
封铅	kg	0.0200	0.0220	0.0275	0.0302
塑料带 20mm×40m	卷	0.0288	0.0320	0.0400	0.0440
凡士林	kg	0.2510	0.3260	0.4320	0.4760
硬酯酸 一级	kg	0.0030	0.0035	0.0044	0.0048
清洗剂	kg	0.0060	0.0066	0.0083	0.0091
钢锯条 各种规格	根	0.0120	0.0140	0.0175	0.0192

续表

定 额 编 号			CLD 6-25	CLD 6-26	CLD 6-27	CLD 6-28
项 目			排管内（mm²）			
			800 以内	1200 以内	1600 以内	2000 以内
计价材料	无絮棉布	kg	0.0060	0.0070	0.0110	0.0138
	其他材料费	元	0.0600	0.0800	0.1000	0.1100
机具	汽车式起重机　起重量　20t	台班	0.0035	0.0043	0.0105	0.0116
	汽车式起重机　起重量　40t	台班	0.0017	0.0020	0.0052	0.0054
	载重汽车　4t	台班	0.0072	0.0093	0.0110	0.0205
	载重汽车　6t	台班	0.0051	0.0051	0.0051	0.0051
	平板拖车组　40t	台班	0.0052	0.0056	0.0087	0.0095
	电动单筒慢速卷扬机　80kN	台班	0.0181	0.0191	0.0202	0.0212
	污水泵　出口直径　φ100	台班	0.0346	0.0346	0.0346	0.0346
	电缆输送机　JSD-3	台班	0.0162			
	电缆输送机　JSD-5	台班		0.0183	0.0205	0.0244
	交流耐压仪　设备耐压用　35kV 及以下	台班	0.0253	0.0253	0.0253	0.0253
	绝缘电阻测试仪　2500~10000V　2mA 以上	台班	0.0253	0.0253	0.0253	0.0253
	其他机具费	元	1.2200	1.3600	1.9500	2.2200

6.7 330kV 电力电缆敷设

工作内容： 开盘，电缆检查，核对规格，移运，架盘，固定，电缆沟揭盖盖板，牵引头安装，电缆固定绳包扎，放、收钢丝绳，敷设，锯断，挂牌，固定金具安装，摇测绝缘电阻，护层耐压，封头，固定电缆等。

定 额 编 号		CLD 6-29	CLD 6-30
项 目		电缆沟内（mm²） 2500	排管内（mm²） 2500
单 位		m/三相	m/三相
基 价 （元）		**186.48**	**196.43**
其中	人 工 费 （元）	82.84	87.72
	材 料 费 （元）	6.37	7.92
	机 具 费 （元）	97.27	100.79
名 称	单位	数 量	
人工 普通工	工日	0.7600	0.8048
计价材料 圆钢 ϕ10 以上	kg		0.1397
钢丝绳 ϕ15 以下	kg	0.1069	0.0575
黄铜丝 综合	kg	0.0348	0.0192
膨胀螺栓 M12	套	0.5936	
镀锌铁丝	kg	0.0117	0.0053
热缩管帽	只	0.0598	0.0274
封铅	kg	0.0904	0.0414

定　额　编　号		CLD 6-29	CLD 6-30
项　　　　　　目		电缆沟内（mm²）　2500	排管内（mm²）　2500
计价材料	塑料带　20mm×40m　卷	0.1316	0.0603
	凡士林　kg		0.6521
	硬酯酸　一级　kg	0.0143	0.0066
	清洗剂　kg	0.0273	0.0125
	石油液化气　m³	0.0240	
	钢锯条　各种规格　根	0.0574	0.0263
	无絮棉布　kg	0.0414	0.0189
	其他材料费　元	0.1300	0.1600
机具	汽车式起重机　起重量　20t　台班	0.0147	0.0154
	汽车式起重机　起重量　40t　台班	0.0068	0.0072
	载重汽车　4t　台班	0.0259	0.0273

定　额　编　号		CLD 6-29	CLD 6-30
项　　　　目		电缆沟内（mm²）　2500	排管内（mm²）　2500
机具	载重汽车　6t　　　　　　　台班	0.0063	0.0068
	平板拖车组　40t　　　　　台班	0.0107	0.0127
	电动单筒慢速卷扬机　30kN　台班	0.0072	
	电动单筒慢速卷扬机　80kN　台班		0.0282
	污水泵　出口直径　φ100　台班		0.0460
	电缆输送机　JSD-5　　　　台班	0.0725	0.0324
	交流耐压仪　设备耐压用　35kV 及以下　台班	0.0299	0.0299
	绝缘电阻测试仪　2500～10000V　2mA 以上　台班	0.0299	0.0299
	其他机具费　　　　　　　　元	2.8300	2.9400

注　未计价材料：电缆、固定金具。

第 7 章　站内电缆终端

说　明

一、本章内容

本章内容包括 10kV 电力电缆终端制作安装、35kV 交联聚乙烯绝缘电缆终端制作安装、110kV 交联电缆空气终端制作安装、110kV 交联电缆 GIS 终端制作安装、220kV 交联电缆空气终端制作安装、220kV 交联电缆 GIS 终端制作安装、330kV 交联电缆空气终端制作安装、330kV 交联电缆 GIS 终端制作安装。

二、未包括的工作内容

电缆终端接入电气设备的充、注油，收、充气及电气设备的开启与封闭。

三、工程量计算规则

电缆终端制作安装均以"套/三相"为计量单位。

四、其他说明

1. 10kV 电力电缆终端制作安装按照三芯考虑，单芯电缆终端制作安装时执行定额乘以系数 1.5。35kV 电力电缆终端制作安装按照单芯考虑，三芯电缆终端制作安装时执行定额乘以系数 0.5。

2. 电缆终端制作安装定额按铜芯铝芯综合考虑，形式不同不作调整。

7.1 10kV 电力电缆终端制作安装

7.1.1 辐射交联热（冷）缩电力电缆终端制作安装

工作内容： 检查绝缘，电缆及固定，切割护层，焊接地线，压端子，加强绝缘层，安装热（冷）收缩配件，包相色带，接地，挂牌，接线（与设备）等。

定 额 编 号			CLD 7-1	CLD 7-2	CLD 7-3	CLD 7-4	CLD 7-5	CLD 7-6
项 目			10kV（截面 mm² 以下）					
			户内			户外		
			120	240	400	120	240	400
单 位			套/三相	套/三相	套/三相	套/三相	套/三相	套/三相
基 价（元）			**167.85**	**207.37**	**251.17**	**225.91**	**274.25**	**348.86**
其中	人 工 费（元）		113.45	132.90	164.63	168.08	194.64	256.23
	材 料 费（元）		47.55	60.78	69.38	50.98	65.92	75.47
	机 具 费（元）		6.85	13.69	17.16	6.85	13.69	17.16
名 称		单位	数 量					
人工	普通工	工日	0.1699	0.1960	0.2418	0.2515	0.2880	0.3796
	安装技术工	工日	0.5719	0.6719	0.8330	0.8474	0.9834	1.2943
计价材料	软铜绞线 25mm²	m	1.7600	1.8700	1.9800	1.9800	2.2000	2.4200
	自黏性橡胶带 25mm×20m	卷	1.5400	2.7500	3.3000	1.5400	2.7500	3.3000
	塑料带 20mm×40m	卷	0.3300	0.5500	0.6600	0.3300	0.5500	0.6600
	塑料带相色带 20mm×2000mm	卷	0.1650	0.2200	0.3300	0.1650	0.2200	0.2750

定　额　编　号			CLD 7-1	CLD 7-2	CLD 7-3	CLD 7-4	CLD 7-5	CLD 7-6
项　　　目			10kV（截面　mm² 以下）					
			户内			户外		
			120	240	400	120	240	400
计价材料	三氯乙烯	kg	0.5500	0.5500	0.5500	0.5500	0.5500	0.5500
	电力复合脂	kg	0.0550	0.0880	0.1100	0.0550	0.0880	0.1100
	丙酮　95%	kg	0.4400	0.6600	0.9900	0.4400	0.6600	0.8800
	其他材料费	元	0.9300	1.1900	1.3600	1.0000	1.2900	1.4800
机具	恒温电烘箱　2000W	台班	0.0886	0.1771	0.2220	0.0886	0.1771	0.2220
	其他机具费	元	0.2000	0.4000	0.5000	0.2000	0.4000	0.5000

注　未计价材料：电缆终端、接线端子。

7.1.2 预制式电缆终端制作安装

工作内容： 检查绝缘，电缆及固定，切割护层，焊接地线，压端子，加强绝缘层，预制电缆终端安装，包相色带，接地，挂牌，接线（与设备）等。

定 额 编 号			CLD 7-7	CLD 7-8	CLD 7-9	CLD 7-10	CLD 7-11	CLD 7-12
项　　　　目			10kV（截面　　mm² 以下）					
			户内			户外		
			120	240	400	120	240	400
单　　　　位			套/三相	套/三相	套/三相	套/三相	套/三相	套/三相
基　　价（元）			**148.73**	**179.57**	**215.47**	**221.63**	**263.65**	**336.06**
其中	人　工　费（元）		101.18	118.79	146.09	170.65	197.73	260.59
	材　料　费（元）		47.55	60.78	69.38	50.98	65.92	75.47
	机　具　费（元）							
名　　　称		单位	数　　量					
人工	普通工	工日	0.1503	0.1764	0.2156	0.2515	0.2928	0.3841
	安装技术工	工日	0.5108	0.5998	0.7385	0.8629	0.9989	1.3176
计价材料	软铜绞线　25mm²	m	1.7600	1.8700	1.9800	1.9800	2.2000	2.4200
	自黏性橡胶带　25mm×20m	卷	1.5400	2.7500	3.3000	1.5400	2.7500	3.3000
	塑料带　20mm×40m	卷	0.3300	0.5500	0.6600	0.3300	0.5500	0.6600

270

定 额 编 号			CLD 7-7	CLD 7-8	CLD 7-9	CLD 7-10	CLD 7-11	CLD 7-12
项 目			10kV（截面　mm² 以下）					
			户内			户外		
			120	240	400	120	240	400
计价材料	塑料带相色带　20mm×2000mm	卷	0.1650	0.2200	0.3300	0.1650	0.2200	0.2750
	三氯乙烯	kg	0.5500	0.5500	0.5500	0.5500	0.5500	0.5500
	电力复合脂	kg	0.0550	0.0880	0.1100	0.0550	0.0880	0.1100
	丙酮　95%	kg	0.4400	0.6600	0.9900	0.4400	0.6600	0.8800
	其他材料费	元	0.9300	1.1900	1.3600	1.0000	1.2900	1.4800

注　未计价材料：预制电缆终端、接线端子。

7.2　35kV 交联聚乙烯绝缘电缆终端制作安装

工作内容：搭拆工作棚，检查绝缘，吊电缆及固定，剥切线芯绝缘及反应锥面，连接端子，压接，包绕应力锥，外屏蔽连接，装终端盒，接地线，包相色带，搭尾线，挂牌等。

定　额　编　号		CLD 7-13	CLD 7-14	CLD 7-15	CLD 7-16	CLD 7-17	CLD 7-18
项　　　目		交联聚氯乙烯绝缘（mm²）					
		户内			户外		
		150	240	400	150	240	400
单　　　位		套/三相	套/三相	套/三相	套/三相	套/三相	套/三相
基　　价（元）		**1209.70**	**1344.15**	**1472.96**	**1563.90**	**1737.72**	**1917.22**
其中	人　工　费（元）	601.03	667.81	766.83	823.64	915.17	1063.77
	材　料　费（元）	435.29	483.66	491.16	566.88	629.87	638.48
	机　具　费（元）	173.38	192.68	214.97	173.38	192.68	214.97
名　　　称	单位	数　　　量					
人工 普通工	工日	0.2174	0.2416	0.2770	0.2979	0.3309	0.3836
安装技术工	工日	3.4779	3.8643	4.4376	4.7661	5.2958	6.1564
计价材料 黄铜丝　综合	kg	0.5400	0.6000	0.6000	0.5400	0.6000	0.6000
裸铜绞线　TJ120mm²	kg	4.7565	5.2850	5.2850	6.6591	7.3990	7.3990
乙丙橡胶带　0.5×20×5000	卷	5.4000	6.0000	6.0000	5.4000	6.0000	6.0000
自黏性橡胶带　25mm×20m	卷	7.2000	8.0000	9.0000	7.2000	8.0000	9.0000
塑料带相色带　20mm×2000mm	卷	0.8550	0.9500	0.9500	5.4000	6.0000	6.0000

续表

定 额 编 号			CLD 7-13	CLD 7-14	CLD 7-15	CLD 7-16	CLD 7-17	CLD 7-18
项 目			交联聚氯乙烯绝缘（mm^2）					
			户内			户外		
			150	240	400	150	240	400
计价材料	塑料带防辐照聚乙烯 20mm×40m	卷	8.1000	9.0000	9.0000	8.1000	9.0000	9.0000
	丙酮 95%	kg	0.9000	1.0000	1.0000	0.9000	1.0000	1.2000
	聚四氟乙烯生料带	卷	0.3600	0.4000	0.4000	0.3600	0.4000	0.4000
	其他材料费	元	8.5400	9.4800	9.6300	11.1200	12.3500	12.5200
机具	载重汽车 4t	台班	0.3260	0.3623	0.3985	0.3260	0.3623	0.3985
	机动液压压接机 100t 以内	台班	0.2236	0.2484	0.3105	0.2236	0.2484	0.3105
	其他机具费	元	5.0500	5.6100	6.2600	5.0500	5.6100	6.2600

注 未计价材料：电缆终端、接线端子。

273

7.3 110kV交联电缆空气终端制作安装

工作内容：搭拆工作棚，检查绝缘，吊电缆及固定，电缆外护层、金属护套剥切及处理，绝缘、屏蔽处理，电缆绝缘打磨抛光，压接，涂半导电漆，烘干半导电漆，安装应力锥，安装瓷套，终端底部密封，接地处理，吊装瓷套，安装顶盖及密封圈，搪铅，搭尾线，挂牌等。

定 额 编 号		CLD 7-19	CLD 7-20	CLD 7-21
项 目		交联电缆空气终端（mm²）		
		400 以内	800 以内	1200 以内
单 位		套/三相	套/三相	套/三相
基 价（元）		**9396.45**	**11348.90**	**13098.71**
其中	人 工 费（元）	4093.32	4736.69	5391.91
	材 料 费（元）	971.55	1100.57	1239.00
	机 具 费（元）	4331.58	5511.64	6467.80
名 称	单位	数 量		
人工 普通工	工日	1.4763	1.7098	1.9449
安装技术工	工日	23.6892	27.4116	31.2043
计价材料 黄铜丝 综合	kg	1.9000	2.3750	2.5365
铝箔 0.02mm×50mm	kg	0.7600	0.9500	1.2635
钢管卡子 DN32	个	1.4250	2.0900	2.9260
平板玻璃 3mm	m²	0.2375	0.3135	0.4465

续表

定 额 编 号			CLD 7-19	CLD 7-20	CLD 7-21
项 目			交联电缆空气终端（mm²）		
			400 以内	800 以内	1200 以内
计价材料	电焊条 J557 综合	kg	0.2850	0.3515	0.4180
	焊锡	kg	0.9500	1.2635	1.9000
	松香焊锡丝	kg	1.2635	1.2635	1.2635
	铝焊粉	kg	0.3800	0.6365	0.9785
	镀锌铁丝	kg	3.1635	3.1635	3.1635
	封铅	kg	11.4000	12.6635	14.2500
	自黏性橡胶带 25mm×20m	卷	19.9500	22.8000	24.3865
	聚氯乙烯塑料薄膜 0.5mm	kg	2.8500	3.8000	5.0635
	聚乙烯吹塑膜	kg	3.3250	3.8000	5.0635
	保鲜膜	卷	14.7250	16.9765	19.3515
	塑料带相色带 20mm×2000mm	卷	3.3250	4.4365	5.7000
	硬酯酸 一级	kg	0.7600	0.9500	1.0735
	乙醇	kg	2.1850	3.1350	3.7620
	丙酮 95%	kg	0.5700	0.7030	0.8360
	石油液化气	m³	5.7000	5.7000	5.7000
	木脚手板	m³	0.1425	0.1425	0.1425
	机用钢锯条 24 号	根	0.7885	0.8835	1.1115
	砂布	张	8.5500	8.5500	8.5500

续表

定 额 编 号			CLD 7-19	CLD 7-20	CLD 7-21
项 目			交联电缆空气终端（mm²）		
			400 以内	800 以内	1200 以内
计价材料	无絮棉布	kg	4.7500	4.7500	4.7500
	聚四氟乙烯生料带	卷	2.3750	3.1350	3.8000
	其他材料费	元	19.0500	21.5800	24.2900
机具	汽车式起重机 起重量 8t	台班	1.0350	1.0350	1.0350
	载重汽车 4t	台班	3.1050	3.1050	3.1050
	载重汽车 8t	台班	3.1050	5.1750	6.8310
	机动液压压接机 100t 以内	台班	1.0350	1.0350	
	机动液压压接机 200t 以内	台班			1.0350
	空调机	台班	2.0700	2.0700	2.0700
	其他机具费	元	126.1600	160.5300	188.3800

注 未计价材料：电缆终端、接线端子。

276

7.4 110kV 交联电缆 GIS 终端制作安装

工作内容：搭拆工作棚，检查绝缘，吊电缆及固定，电缆外护层、金属护套剥切及处理，绝缘、屏蔽处理，电缆绝缘打磨抛光，压接，涂半导电漆，烘干半导电漆，安装应力锥，安装瓷套，终端底部密封，接地处理，吊装瓷套，安装顶盖及密封圈，搪铅，搭尾线，挂牌等。

定 额 编 号		CLD 7-22	CLD 7-23	CLD 7-24
项 目		交联电缆 GIS 终端（mm^2）		
		400 以内	800 以内	1200 以内
单 位		套/三相	套/三相	套/三相
基 价（元）		**9291.73**	**10779.34**	**12223.91**
其中	人 工 费（元）	3821.22	4464.33	5082.66
	材 料 费（元）	875.72	986.26	1125.43
	机 具 费（元）	4594.79	5328.75	6015.82
名 称	单位	数 量		
人工 普通工	工日	1.3789	1.6100	1.8331
安装技术工	工日	22.1140	25.8364	29.4148
计价材料 黄铜丝 综合	kg	2.0900	2.3750	2.4700
铝箔 0.02mm×50mm	kg	0.7600	0.9500	1.2635
钢管卡子 DN32	个	0.9500	1.3965	1.9475
平板玻璃 3mm	m^2	0.2850	0.3135	0.4465

续表

定 额 编 号			CLD 7-22	CLD 7-23	CLD 7-24
项 目			交联电缆 GIS 终端（mm²）		
			400 以内	800 以内	1200 以内
计价材料	电焊条 J557 综合	kg	0.4750	0.5225	0.6270
	焊锡	kg	0.9500	1.2635	1.9000
	松香焊锡丝	kg	1.2635	1.2635	1.2635
	铝焊粉	kg	0.4750	0.6365	1.2635
	镀锌铁丝	kg	1.2635	1.2635	1.2635
	热缩管帽	只	2.8500	2.8500	2.8500
	封铅	kg	10.4500	12.6635	14.2500
	自黏性橡胶带 25mm×20m	卷	19.9500	22.8000	24.3865
	聚氯乙烯塑料薄膜 0.5mm	kg	3.3250	3.8000	5.0635
	聚乙烯吹塑膜	kg	3.3250	3.8000	5.0635
	保鲜膜	卷	8.0750	9.8800	11.3525
	塑料带相色带 20mm×2000mm	卷	3.8000	4.2750	5.2250
	硬酯酸 一级	kg	0.7600	0.9500	1.1685
	乙醇	kg	1.3300	1.7480	2.0900
	丙酮 95%	kg	0.5700	0.7030	0.8360
	石油液化气	m³	5.7000	5.7000	5.7000
	木脚手板	m³	0.0665	0.0665	0.0665
	机用钢锯条 24 号	根	0.7600	0.8835	1.1115

278

定 额 编 号			CLD 7-22	CLD 7-23	CLD 7-24
项 目			交联电缆 GIS 终端（mm²）		
			400 以内	800 以内	1200 以内
计价材料	砂布	张	8.5500	8.5500	8.5500
	无絮棉布	kg	4.7500	4.7500	4.7500
	聚四氟乙烯生料带	卷	2.6600	3.1635	3.8000
	其他材料费	元	17.1700	19.3400	22.0700
机具	载重汽车　4t	台班	3.1050	3.1050	3.1050
	载重汽车　8t	台班	4.9680	6.2100	7.3485
	真空泵　抽气速度　204m³/h	台班	1.0350	1.0350	1.0350
	机动液压压接机　100t 以内	台班	1.0350	1.0350	
	机动液压压接机　200t 以内	台班			1.0350
	空调机	台班	2.5875	3.1050	3.6225
	其他机具费	元	133.8300	155.2100	175.2200

注　未计价材料：电缆终端、接线端子。

7.5 220kV 交联电缆空气终端制作安装

工作内容： 搭拆工作棚，检查绝缘，吊电缆及固定，电缆外护层、金属护套剥切及处理，绝缘、屏蔽处理，电缆绝缘打磨抛光，压接，涂半导电漆，烘干半导电漆，安装应力锥，安装瓷套，终端底部密封，接地处理，吊装瓷套，安装顶盖及密封圈，搪铅，搭尾线，挂牌等。

定 额 编 号			CLD 7-25	CLD 7-26	CLD 7-27	CLD 7-28
项 目			交联电缆空气终端（mm^2）			
			800 以内	1200 以内	1600 以内	2000 以内
单 位			套/三相	套/三相	套/三相	套/三相
基 价 （元）			**13223.29**	**14705.78**	**18012.50**	**20226.56**
其中	人 工 费 （元）		5738.18	6542.08	8607.15	10326.07
	材 料 费 （元）		1404.29	1492.85	1731.44	1872.56
	机 具 费 （元）		6080.82	6670.85	7673.91	8027.93
名 称		单位	数 量			
人工	普通工	工日	2.0708	2.3604	3.1048	3.7253
	安装技术工	工日	33.2076	37.8602	49.8116	59.7591
计价材料	黄铜丝 综合	kg	3.5625	3.5625	3.8000	3.8000
	铝箔 0.02mm×50mm	kg	0.9500	1.4250	1.9000	2.3750
	钢管卡子 DN32	个	2.8500	3.1350	4.3700	5.2250
	平板玻璃 3mm	m^2	0.4750	0.4750	0.5700	0.6650

续表

定 额 编 号			CLD 7-25	CLD 7-26	CLD 7-27	CLD 7-28
项 目			交联电缆空气终端（mm²)			
			800 以内	1200 以内	1600 以内	2000 以内
计价材料	电焊条 J557 综合	kg	0.4750	0.5225	0.6270	0.7410
	焊锡	kg	1.4250	1.9000	2.8500	3.8000
	松香焊锡丝	kg	1.9000	1.9000	1.9000	1.9000
	铝焊粉	kg	0.9500	0.9500	1.9000	1.9000
	镀锌铁丝	kg	4.7500	4.7500	4.7500	4.7500
	热缩管帽	只	2.8500	2.8500	2.8500	2.8500
	封铅	kg	17.1000	19.0000	21.3750	22.8000
	自黏性橡胶带 25mm×20m	卷	34.2000	34.2000	38.0000	38.0000
	聚氯乙烯塑料薄膜 0.5mm	kg	5.7000	5.7000	7.6000	8.5500
	聚乙烯吹塑膜	kg	5.7000	5.7000	7.6000	8.5500
	保鲜膜	卷	24.7000	25.4600	29.0320	30.4000
	塑料带相色带 20mm×2000mm	卷	4.7500	6.6500	7.6000	8.5500
	硬酯酸 一级	kg	1.4250	1.4250	1.4250	1.9000
	乙醇	kg	4.2750	4.7025	5.6430	6.4125
	丙酮 95%	kg	0.9500	1.0450	1.2540	1.4535
	石油液化气	m³	5.7000	5.7000	5.7000	5.7000
	聚氨酯清漆	kg	0.2850	0.2850	0.2850	0.2850
	木脚手板 50×250×4000	块	1.7100	1.9000	2.0900	2.3750

续表

定 额 编 号			CLD 7-25	CLD 7-26	CLD 7-27	CLD 7-28
项 目			交联电缆空气终端（mm²）			
			800 以内	1200 以内	1600 以内	2000 以内
计价材料	机用钢锯条 24 号	根	1.0450	1.3300	1.6625	1.8525
	砂布	张	8.5500	8.5500	8.5500	8.5500
	无絮棉布	kg	4.7500	4.7500	4.7500	4.7500
	聚四氟乙烯生料带	卷	2.8500	3.3250	3.8000	4.2750
	其他材料费	元	27.5400	29.2700	33.9500	36.7200
机具	汽车式起重机 起重量 8t	台班	1.0350	1.0350	1.0350	1.0350
	载重汽车 4t	台班	3.1050	3.1050	3.1050	3.1050
	载重汽车 8t	台班	6.2100	7.2450	9.0045	9.6255
	真空泵 抽气速度 204m³/h	台班	1.0350	1.0350	1.0350	1.0350
	机动液压压接机 200t 以内	台班	1.0350	1.0350	1.0350	1.0350
	其他机具费	元	177.1100	194.3000	223.5100	233.8200

注 未计价材料：电缆终端、接线端子。

7.6 220kV 交联电缆 GIS 终端制作安装

工作内容：搭拆工作棚，检查绝缘，吊电缆及固定，电缆外护层、金属护套剥切及处理，绝缘、屏蔽处理，电缆绝缘打磨抛光，压接，涂半导电漆，烘干半导电漆，安装应力锥，安装瓷套，终端底部密封，接地处理，吊装瓷套，安装顶盖及密封圈，搪铅，搭尾线，挂牌等。

定 额 编 号			CLD 7-29	CLD 7-30	CLD 7-31	CLD 7-32
项 目			交联电缆 GIS 终端（mm²）			
			800 以内	1200 以内	1600 以内	2000 以内
单 位			套/三相	套/三相	套/三相	套/三相
基 价（元）			**12275.57**	**13717.18**	**16979.47**	**19191.44**
其中	人 工 费（元）		5651.54	6430.56	8471.10	10165.34
	材 料 费（元）		1335.04	1407.59	1626.29	1731.00
	机 具 费（元）		5288.99	5879.03	6882.08	7295.10
名 称		单位	数 量			
人工	普通工	工日	2.0388	2.3198	3.0561	3.6674
	安装技术工	工日	32.7067	37.2151	49.0240	58.8289
计价材料	黄铜丝 综合	kg	3.5625	3.5625	3.8000	3.8000
	铝箔 0.02mm×50mm	kg	0.9500	1.4250	1.9000	2.3750
	钢管卡子 DN32	个	1.9000	2.0900	2.9260	3.3725
	平板玻璃 3mm	m²	0.4750	0.4750	0.4750	0.6650

续表

定 额 编 号			CLD 7-29	CLD 7-30	CLD 7-31	CLD 7-32
项 目			交联电缆 GIS 终端（mm²）			
			800 以内	1200 以内	1600 以内	2000 以内
计价材料	电焊条 J557 综合	kg	0.4750	0.5225	0.6270	0.7410
	焊锡	kg	1.4250	1.9000	2.8500	3.8000
	松香焊锡丝	kg	1.9000	1.9000	1.9000	1.9000
	铝焊粉	kg	0.9500	0.9500	1.9000	1.9000
	镀锌铁丝	kg	1.9000	1.9000	1.9000	1.9000
	热缩管帽	只	2.8500	2.8500	2.8500	2.8500
	封铅	kg	17.1000	19.0000	21.3750	22.3250
	自黏性橡胶带 25mm×20m	卷	34.2000	34.2000	38.0000	38.0000
	聚氯乙烯塑料薄膜 0.5mm	kg	5.7000	5.7000	7.6000	8.5500
	聚乙烯吹塑膜	kg	5.7000	5.7000	7.6000	8.5500
	保鲜膜	卷	14.2500	14.8200	17.0050	17.5750
	塑料带相色带 20mm×2000mm	卷	4.7500	6.6500	7.6000	8.5500
	硬酯酸 一级	kg	1.4250	1.4250	1.9000	1.9000
	乙醇	kg	2.3750	2.6125	3.1350	3.4675
	丙酮 95%	kg	0.9500	1.0450	1.2540	1.4535
	石油液化气	m³	5.7000	5.7000	5.7000	5.7000
	木脚手板	m³	0.0950	0.0950	0.0950	0.0950
	机用钢锯条 24 号	根	0.9500	1.3300	1.6625	1.8050

续表

定 额 编 号			CLD 7-29	CLD 7-30	CLD 7-31	CLD 7-32
项 目			交联电缆 GIS 终端（mm²）			
			800 以内	1200 以内	1600 以内	2000 以内
计价材料	砂布	张	8.5500	8.5500	8.5500	8.5500
	无絮棉布	kg	4.7500	4.7500	4.7500	4.7500
	聚四氟乙烯生料带	卷	2.8500	3.3250	3.8000	4.2750
	其他材料费	元	26.1800	27.6000	31.8900	33.9400
机具	载重汽车　4t	台班	3.1050	3.1050	3.1050	3.1050
	载重汽车　8t	台班	6.2100	7.2450	9.0045	9.7290
	真空泵　抽气速度　204m³/h	台班	1.0350	1.0350	1.0350	1.0350
	机动液压压接机　200t 以内	台班	1.0350	1.0350	1.0350	1.0350
	空调机	台班	2.0700	2.0700	2.0700	2.0700
	其他机具费	元	154.0500	171.2300	200.4500	212.4800

注　未计价材料：电缆终端、接线端子。

7.7 330kV 交联电缆空气终端制作安装

工作内容：搭拆工作棚，检查绝缘，吊电缆及固定，电缆外护层、金属护套剥切及处理，绝缘、屏蔽处理，电缆绝缘打磨抛光，压接，涂半导电漆，烘干半导电漆，安装应力锥，安装瓷套，终端底部密封，接地处理，吊装瓷套，安装顶盖及密封圈，搪铅，搭尾线，挂牌等。

定 额 编 号			CLD 7-33	CLD 7-34
项 目			交联电缆空气终端（mm^2）	
			2500 以内	
			户内	户外
单 位			套/三相	套/三相
基 价（元）			**31931.92**	**32163.37**
其中	人 工 费（元）		18269.24	18401.63
	材 料 费（元）		2584.14	2602.87
	机 具 费（元）		11078.54	11158.87
名 称		单位	数 量	
人工	普通工	工日	6.5909	6.6386
	安装技术工	工日	105.7279	106.4941
计价材料	黄铜丝 综合	kg	5.2440	5.2820
	铝箔 0.02mm×50mm	kg	3.2775	3.3013
	钢管卡子 DN32	个	7.2105	7.2628

续表

定　额　编　号		CLD 7-33	CLD 7-34
项　　　　目		交联电缆空气终端（mm²）	
		2500 以内	
		户内	户外
计价材料	平板玻璃　3mm　　　　　　　m²	0.9177	0.9244
	电焊条　J557　综合　　　　　kg	1.0226	1.0300
	焊锡　　　　　　　　　　　　kg	5.2440	5.2820
	松香焊锡丝　　　　　　　　　kg	2.6220	2.6410
	铝焊粉　　　　　　　　　　　kg	2.6220	2.6410
	镀锌铁丝　　　　　　　　　　kg	6.5550	6.6025
	热缩管帽　　　　　　　　　　只	3.9330	3.9615
	封铅　　　　　　　　　　　　kg	31.4640	31.6920
	自黏性橡胶带　25mm×20m　　卷	52.4400	52.8200
	聚氯乙烯塑料薄膜　0.5mm　　kg	11.7990	11.8845
	聚乙烯吹塑膜　　　　　　　　kg	11.7990	11.8845
	保鲜膜　　　　　　　　　　　卷	41.9520	42.2560
	塑料带相色带　20mm×2000mm　卷	11.7990	11.8845
	硬酯酸　一级　　　　　　　　kg	2.6220	2.6410
	乙醇　　　　　　　　　　　　kg	8.8493	8.9134
	丙酮　95%　　　　　　　　　kg	2.0058	2.0204
	石油液化气　　　　　　　　　m³	7.8660	7.9230

续表

定 额 编 号			CLD 7-33	CLD 7-34
项　　　　目			交联电缆空气终端（mm^2）	
			2500 以内	
			户内	户外
计价材料	聚氨酯清漆	kg	0.3933	0.3962
	木脚手板　50×250×4000	块	3.2775	3.3013
	机用钢锯条　24 号	根	2.5565	2.5750
	砂布	张	11.7990	11.8845
	无絮棉布	kg	6.5550	6.6025
	聚四氟乙烯生料带	卷	5.8995	5.9423
	其他材料费	元	50.6700	51.0400
机具	汽车式起重机　起重量　8t	台班	1.4283	1.4387
	载重汽车　4t	台班	4.2849	4.3160
	载重汽车　8t	台班	13.2832	13.3794
	真空泵　抽气速度　204m^3/h	台班	1.4283	1.4387
	机动液压压接机　200t 以内	台班	1.4283	1.4387
	其他机具费	元	322.6800	325.0200

注　未计价材料：电缆终端、接线端子。

288

7.8 330kV 交联电缆 GIS 终端制作安装

工作内容：搭拆工作棚，检查绝缘，吊电缆及固定，电缆外护层、金属护套剥切及处理，绝缘、屏蔽处理，电缆绝缘打磨抛光，压接，涂半导电漆，烘干半导电漆，安装应力锥，安装瓷套，终端底部密封，接地处理，吊装瓷套，安装顶盖及密封圈，搪铅，搭尾线，挂牌等。

定 额 编 号			CLD 7-35	CLD 7-36
项　　　　目			交联电缆 GIS 终端	
			2500 以内	
			户内	户外
单　　　位			套/三相	套/三相
基　　价（元）			**32723.07**	**33114.05**
其中	人　工　费（元）		17593.85	17984.83
	材　料　费（元）		2873.46	2873.46
	机　具　费（元）		12255.76	12255.76
名　　称		单位	数　　量	
人工	普通工	工日	6.3474	6.4884
	安装技术工	工日	101.8192	104.0819
计价材料	黄铜丝　综合	kg	6.3080	6.3080
	铝箔　0.02mm×50mm	kg	3.9425	3.9425
	钢管卡子　DN32	个	5.5984	5.5984

续表

定 额 编 号			CLD 7-35	CLD 7-36
项 目			交联电缆 GIS 终端	
			2500 以内	
			户内	户外
计价材料	平板玻璃 3mm	m²	1.1039	1.1039
	电焊条 J557 综合	kg	1.2301	1.2301
	焊锡	kg	6.3080	6.3080
	松香焊锡丝	kg	3.1540	3.1540
	铝焊粉	kg	3.1540	3.1540
	镀锌铁丝	kg	3.1540	3.1540
	热缩管帽	只	4.7310	4.7310
	封铅	kg	37.0595	37.0595
	自黏性橡胶带 25mm×20m	卷	63.0800	63.0800
	聚氯乙烯塑料薄膜 0.5mm	kg	14.1930	14.1930
	聚乙烯吹塑膜	kg	14.1930	14.1930
	保鲜膜	卷	29.1745	29.1745
	塑料带相色带 20mm×2000mm	卷	14.1930	14.1930
	硬酯酸 一级	kg	3.1540	3.1540
	乙醇	kg	5.7561	5.7561
	丙酮 95%	kg	2.4128	2.4128
	石油液化气	m³	9.4620	9.4620

续表

定 额 编 号			CLD 7-35	CLD 7-36
项　　　目			交联电缆 GIS 终端	
			2500 以内	
			户内	户外
计价材料	木脚手板	m³	0.1577	0.1577
	机用钢锯条　24 号	根	2.9963	2.9963
	砂布	张	14.1930	14.1930
	无絮棉布	kg	7.8850	7.8850
	聚四氟乙烯生料带	卷	7.0965	7.0965
	其他材料费	元	56.3400	56.3400
机具	载重汽车　4t	台班	5.2164	5.2164
	载重汽车　8t	台班	16.3447	16.3447
	真空泵　抽气速度　204m³/h	台班	1.7388	1.7388
	机动液压压接机　200t 以内	台班	1.7388	1.7388
	空调机	台班	3.4776	3.4776
	其他机具费	元	356.9600	356.9600

注　未计价材料：电缆终端、接线端子。

第 8 章 站内电缆附属及试验

说　　明

一、本章内容

本章内容包括电缆接地设备安装，电缆保护管敷设，电缆支架、桥架、竖井安装，电缆防火安装、电力电缆试验。

二、工程量计算规则

1. 直接接地箱以"套"为计量单位，适用于110kV及以上电压等级；单相式以单相为一套，三相式以三相为一套。

2. 经护层保护器接地箱、护层保护器以"套"为计量单位，三相为一套，适用于110kV及以上电压等级。

3. 电缆保护管敷设以"100m"为计量单位。

4. 复合材料电缆支架安装综合不同材质、不同类型，以"副"为计量单位；钢质电缆桥架以"t"为计量单位，包含横担、立柱等；铝合金电缆桥架及竖井安装以"m"为计量单位。

5. 阻燃槽盒、防火带安装以"100m"为计量单位；防火隔板安装以"100m²"为计量单位；防火堵料、防火涂料、防火包以"t"为计量单位；防火模块安装以"m³"为计量单位。

6. 电力电缆主绝缘交流耐压试验、电缆参数测量按"回路"计算，起止端三相为一个回路，多回路并联时分别计算工程量。

7. 110kV及以上电力电缆局放试验以"套/三相"为计量单位。

三、其他说明

1. 计算电缆保护管工作量时，不扣除管路中间的接头、弯头所占长度。

2. 阻燃槽盒、电缆桥架安装定额均按生产厂家成品供应，现场直接安装考虑。阻燃槽盒已综合考虑截面积和材质，使用时不做调整。不锈钢桥架执行钢制桥架定额子目乘以系数 1.1。复合桥架执行铝合金桥架定额子目乘以系数 1.3。复合竖井执行铝合金竖井定额子目乘以系数 1.3。其中，铝合金桥架安装定额中已综合考虑了横担、立柱的制作安装。

3. 防火布执行防火带定额子目。防火涂层板执行防火隔板定额子目。

4. 35kV 及以上电缆交流耐压试验、电缆参数测量在同一厂站内做 2 回路及以上试验时，从第 2 回路起执行定额乘以系数 0.60；在同一厂站内做 6 回路及以上试验时，从第 6 回路起执行定额乘以系数 0.30；在同一厂站内做 11 回路及以上试验时，从第 11 回路起执行定额乘以系数 0.10。

5. 多根电缆并联连接时，相应试验执行上述第 4 条说明。

6. 电缆耐压试验定额中均包含敷设后的摇测绝缘电阻、护层耐压等测试工作。

8.1 电缆接地设备安装

工作内容：接地装置安装，接地。

定 额 编 号		CLD 8-1	CLD 8-2	CLD 8-3	CLD 8-4
项 目		直接接地箱		经护层保护器接地箱	护层保护器
		单相式	三相式		
单 位		套	套	套	套
基 价（元）		**211.95**	**635.83**	**665.65**	**127.59**
其中	人 工 费（元）	155.29	465.82	493.94	63.37
	材 料 费（元）	7.40	22.22	23.92	19.86
	机 具 费（元）	49.26	147.79	147.79	44.36
名 称	单位	数 量			
人工 普通工	工日	0.0449	0.1345	0.1473	0.0193
安装技术工	工日	0.9060	2.7178	2.8788	0.3691
计价材料 黄铜丝 综合	kg	0.0758	0.2275	0.2450	0.2450
塑料带相色带 20mm×2000mm	卷	0.6500	1.9500	2.1000	0.7000
醇酸磁漆	kg	0.0541	0.1625	0.1750	0.1750

续表

定 额 编 号			CLD 8-1	CLD 8-2	CLD 8-3	CLD 8-4
项 目			直接接地箱		经护层保护器接地箱	护层保护器
			单相式	三相式		
计价材料	其他材料费	元	0.1500	0.4400	0.4700	0.3900
机具	载重汽车 4t	台班	0.1035	0.3105	0.3105	0.0932
	其他机具费	元	1.4300	4.3000	4.3000	1.2900

注 未计价材料：接地材料。

8.2 电缆保护管敷设

8.2.1 钢管敷设

工作内容：沟底修整夯实，锯管，弯管，接口，敷设，管卡固定，补漆及金属管的接地。

定 额 编 号			CLD 8-5	CLD 8-6	CLD 8-7	CLD 8-8	CLD 8-9	CLD 8-10
项 目			钢管（管径 mm 以下）					
			ϕ32	ϕ50	ϕ80	ϕ100	ϕ150	ϕ200
单 位			100m	100m	100m	100m	100m	100m
基 价（元）			**901.87**	**1216.99**	**1641.73**	**2146.38**	**3029.43**	**3378.99**
其中	人 工 费（元）		326.75	486.84	736.84	1079.93	1550.47	1705.52
	材 料 费（元）		395.25	499.79	665.28	780.29	1083.71	1238.69
	机 具 费（元）		179.87	230.36	239.61	286.16	395.25	434.78
名 称		单位	数 量					
人工	普通工	工日	1.3065	1.9466	2.9461	4.3180	6.1994	6.8193
	安装技术工	工日	1.1105	1.6546	2.5043	3.6703	5.2695	5.7965
计价材料	钢管卡子　DN32	个	55.0000					
	钢管卡子　DN50	个		55.0000				
	钢管卡子　DN100	个			55.0000	55.0000		
	钢管卡子　DN150	个					55.0000	
	钢管卡子　DN200	个						55.0000
	电焊条　J507　综合	kg	8.0000	9.0000	10.3390	11.0770	14.7690	16.2459

续表

定 额 编 号			CLD 8-5	CLD 8-6	CLD 8-7	CLD 8-8	CLD 8-9	CLD 8-10
项 目			钢管（管径 mm 以下）					
			φ32	φ50	φ80	φ100	φ150	φ200
计价材料	膨胀螺栓　M8	套	39.6000	39.6000	39.6000	39.6000	39.6000	43.5600
	镀锌铁丝	kg	11.0000	11.0000	11.0000	11.0000	11.0000	12.1000
	塑料护口　32	个	16.5000					
	塑料护口　50	个		16.5000				
	塑料护口　100	个			16.5000	16.5000		
	塑料护口　150	个					16.5000	
	塑料护口　200	个						16.5000
	清洗剂	kg	1.1000	1.6500	2.2000	4.4000	6.6000	7.2600
	防锈漆	kg	3.5200	5.5000	7.7000	10.4500	16.5000	18.1500
	普通调和漆	kg	4.6930	7.3330	10.2660	13.9330	22.0000	24.2000
	沥青清漆	kg	6.6000	8.8000	11.0000	13.2000	17.6000	19.3600
	钢锯条　各种规格	根	2.2000	2.2000	5.5000	5.5000	5.5000	6.0500
	砂轮切割片　φ400	片	1.1000	1.1000	2.2000	2.2000	2.7500	3.0250
	其他材料费	元	7.7500	9.8000	13.0400	15.3000	21.2500	24.2900

续表

定　额　编　号			CLD 8-5	CLD 8-6	CLD 8-7	CLD 8-8	CLD 8-9	CLD 8-10
项　　　目			钢管（管径 mm 以下）					
			φ32	φ50	φ80	φ100	φ150	φ200
机具	载重汽车　8t	台班	0.0483	0.0610	0.0759	0.1219	0.1219	0.1341
	弯管机　WC27~108	台班	1.2144	1.6836				
	管子切断套丝机　管径　φ159	台班	0.6072	0.6072	1.9435	2.4288	4.8576	5.3434
	交流弧焊机　容量　21kVA	台班	0.3013	0.3600	1.6997	1.8216	2.4288	2.6717
	砂轮切割机　直径　φ400	台班	0.2530	0.2530	0.5060	0.5060	0.6325	0.6958
	其他机具费	元	5.2400	6.7100	6.9800	8.3300	11.5100	12.6600

注　未计价材料：电缆保护管、接地材料。

8.2.2 硬塑料管敷设

工作内容：沟底修整夯实，锯管，弯管，接口，敷设，管卡固定，补漆。

定 额 编 号		CLD 8-11	CLD 8-12	CLD 8-13	CLD 8-14	CLD 8-15	CLD 8-16
项 目		管径（mm 以下）					
		φ32	φ50	φ80	φ100	φ150	φ200
单 位		100m	100m	100m	100m	100m	100m
基 价（元）		**854.95**	**939.77**	**1253.15**	**1407.86**	**1647.92**	**1847.72**
其中	人 工 费（元）	408.59	418.45	636.43	784.15	901.72	991.90
	材 料 费（元）	374.25	449.21	524.94	531.93	623.58	720.94
	机 具 费（元）	72.11	72.11	91.78	91.78	122.62	134.88
名 称	单位	数 量					
人工	普通工	工日	2.8351	2.9004	4.4095	5.4350	6.2516	6.8768
	安装技术工	工日	0.5998	0.6163	0.9385	1.1550	1.3271	1.4598
计价材料	塑料管卡子 DN32	个	145.2000					
	塑料管卡子 DN50	个		145.2000				
	塑料管卡子 DN100	个			145.2000	145.2000		
	塑料管卡子 DN150	个					145.2000	
	塑料管卡子 DN200	个						145.2000
	膨胀螺栓 M8	套	290.4000	290.4000	290.4000	290.4000	290.4000	319.4400
	镀锌铁丝	kg	0.5500	0.5500	0.5500	0.5500	0.5500	0.6050
	粘结剂 通用	kg	1.1000	1.3200	1.7600	2.2000	2.7500	3.0250
	石油液化气	m³	0.4400	0.8800	1.1000	1.3200	1.7600	1.9360

定 额 编 号			CLD 8-11	CLD 8-12	CLD 8-13	CLD 8-14	CLD 8-15	CLD 8-16
项 目			管径（mm 以下）					
			φ32	φ50	φ80	φ100	φ150	φ200
计价材料	钢锯条 各种规格	根	2.2000	2.2000	4.4000	4.4000	5.5000	6.0500
	其他材料费	元	7.3400	8.8100	10.2900	10.4300	12.2300	14.1400
机具	载重汽车 8t	台班	0.1265	0.1265	0.1610	0.1610	0.2151	0.2366
	其他机具费	元	2.1000	2.1000	2.6700	2.6700	3.5700	3.9300

注 未计价材料：硬塑料管。

8.3 电缆支架、桥架、竖井安装

工作内容：电缆支架，桥架，竖井制作安装，附件制作安装，接地。

定 额 编 号			CLD 8-17	CLD 8-18	CLD 8-19	CLD 8-20
项 目			电缆支架	电缆桥架		电缆竖井
			复合材料	钢质	铝合金	
单 位			副	t	m	m
基 价 (元)			**21.49**	**3812.10**	**98.51**	**103.41**
其中	人 工 费（元）		15.07	3012.12	45.97	45.21
	材 料 费（元）		4.17	567.12	41.07	48.99
	机 具 费（元）		2.25	232.86	11.47	9.21
名 称		单位	数 量			
人工	普通工	工日	0.0368	6.8733	0.1042	0.1039
	安装技术工	工日	0.0666	13.6321	0.2085	0.2041
计价材料	电焊条 J507 综合	kg	0.0782	1.0770	0.7165	0.7112
	镀锌六角螺栓 综合	kg	0.0658		0.2403	
	镀锌铁丝	kg		3.7286	0.2200	0.3080
	清洗剂	kg		1.0450	0.0110	0.0110
	防锈漆	kg		3.1350	0.0220	0.0220
	普通调和漆	kg		2.0900	0.0220	0.0220
	钢管脚手架 包括扣件	kg		75.7630	4.1250	6.8063

定 额 编 号			CLD 8-17	CLD 8-18	CLD 8-19	CLD 8-20
项 目			电缆支架	电缆桥架		电缆竖井
			复合材料	钢质	铝合金	
计价材料	木脚手板 50×250×4000	块	0.0110	0.7580	0.0410	0.0677
	钢锯条 各种规格	根	0.2240	6.1153	0.2346	0.2200
	砂布	张	0.0682		0.2489	
	镀锌（建筑）	t	0.0010		0.0037	
	其他材料费	元	0.0800	11.1200	0.8100	0.9600
机具	汽车式起重机 起重量 5t	台班	0.0001		0.0002	
	载重汽车 5t	台班	0.0013	0.4427	0.0014	0.0020
	联合冲剪机 板厚 16mm	台班	0.0014		0.0052	
	交流弧焊机 容量 21kVA	台班	0.0132	0.1771	0.1198	0.1176
	其他机具费	元	0.0700	6.7800	0.3300	0.2700

注 未计价材料：复合支架、桥架、竖井、接地材料。

8.4 电缆防火安装

工作内容: 槽盒安装,隔板加工、固定,防火堵料调配、搅拌、堵塞等,防火涂料调配、涂敷,防火带、防火包安装,防火模块安装,接地等。

定 额 编 号			CLD 8-21	CLD 8-22	CLD 8-23	CLD 8-24	CLD 8-25	CLD 8-26	CLD 8-27
项 目			阻燃槽盒	防火隔板	防火堵料	防火涂料	防火带	防火包	防火模块
单 位			100m	100m²	t	t	100m	t	m³
基 价 (元)			**8905.17**	**10791.04**	**3600.79**	**17005.80**	**156.93**	**1194.33**	**27.11**
其中	人 工 费 (元)		8094.72	8693.33	3543.88	16477.54	156.93	1194.33	27.11
	材 料 费 (元)		703.71	1692.92	52.67	528.26			
	机 具 费 (元)		106.74	404.79	4.24				
名 称		单位	数 量						
人工	普通工	工日	54.9417	54.3928	24.5150	114.2077	1.0844	8.2766	0.1895
	安装技术工	工日	12.6872	16.6537	5.2515	24.2705	0.2333	1.7601	0.0389
计价材料	钢管卡子 DN100	个	1.0395	2.5299	0.8140				
	电焊条 J507 综合	kg	5.1286	19.5145	0.1639				
	镀锌六角螺栓 综合	kg	46.2402	100.2952					
	膨胀螺栓 M8	套	0.7484	1.8215	0.5861				
	镀锌铁丝	kg	5.7079	0.5060	6.7628				
	塑料护口 100	个	0.3118	0.7590	0.2442				
	清洗剂	kg	0.0832	0.2024	0.0651	182.8750			

定　额　编　号			CLD 8-21	CLD 8-22	CLD 8-23	CLD 8-24	CLD 8-25	CLD 8-26	CLD 8-27
项　　　　　目			阻燃槽盒	防火隔板	防火堵料	防火涂料	防火带	防火包	防火模块
计价材料	防锈漆	kg	0.1975	0.4807	0.1547				
	普通调和漆	kg	0.2633	0.6409	0.2062				
	沥青清漆	kg	0.2495	0.6072	0.1954				
	水	t			0.2200				
	钢锯条　各种规格	根	110.3551	221.2233	0.0814				
	砂轮切割片　φ400	片	0.0416	0.1012	0.0326				
	砂布	张	4.2896	16.5726					
	镀锌（建筑）	t	0.0629	0.2430					
	其他材料费	元	13.8000	33.1900	1.0300	10.3600			
机具	汽车式起重机　起重量　5t	台班	0.0036	0.0140					
	载重汽车　5t	台班	0.0036	0.0140					
	载重汽车　8t	台班	0.0023	0.0056	0.0018				
	联合冲剪机　板厚　16mm	台班	0.0888	0.3432					
	管子切断套丝机　管径　φ159	台班	0.0459	0.1117	0.0359				
	交流弧焊机　容量　21kVA	台班	0.8694	3.3095	0.0270				
	砂轮切割机　直径　φ400	台班	0.0096	0.0233	0.0075				
	其他机具费	元	3.1100	11.7900	0.1200				

注　未计价材料：阻燃槽盒，防火隔板，防火堵料，防火涂料，防火带、防火包，防火模块，接地材料。

8.5 电力电缆试验

8.5.1 电力电缆主绝缘交流耐压试验

工作内容：试验设备移运、检查布置、连接组装、调试，连接被试电缆，进行耐压试验，摇测绝缘电阻，试验完毕对被试电缆充分放电，拆卸回收试验设备及连接线等。

定 额 编 号		CLD 8-28	CLD 8-29	CLD 8-30
项 目		电缆主绝缘交流耐压试验		
		10kV	35kV	110kV
单 位		回路	回路	回路
基 价（元）		**783.96**	**19966.83**	**31740.95**
其中	人 工 费（元）	309.06	1817.69	2563.24
	材 料 费（元）	74.78	956.62	4313.94
	机 具 费（元）	400.12	17192.52	24863.77
名 称	单位	数 量		
人工 普通工	工日		0.3965	0.7854
安装技术工	工日	1.8618	10.6896	14.9255
计价材料 铜带 200mm×0.2mm	m	1.2640	10.3250	
铜芯聚氯乙烯绝缘电线 500VBV-120mm²	m			16.8504
铜芯聚氯乙烯绝缘软线 BVR-35mm²	m	1.2640	10.3250	
铜芯电缆 五芯 16mm²	m			16.8504
绝缘胶带 25mm×50m	卷			10.1102

续表

定　额　编　号			CLD 8-28	CLD 8-29	CLD 8-30
项　　　　目			电缆主绝缘交流耐压试验		
			10kV	35kV	110kV
计价材料	乙醇	kg	0.0480		
	六氟化硫	kg		7.0800	
	无絮棉布	kg	0.0480		
	绝缘支杆	支			9.5202
	绝缘穿杆	支			3.9849
	电抗器均压罩	只			0.6740
	其他材料费	元	1.4700	18.7600	84.5900
机具	汽车式起重机　起重量　8t	台班		2.3748	
	汽车式起重机　起重量　20t	台班		1.7777	
	汽车式起重机　起重量　40t	台班			1.5502
	载重汽车　5t	台班		2.7479	
	载重汽车　50t	台班			1.5502
	平板拖车组　20t	台班		2.3883	
	电力工程车	台班			0.7751
	标准电抗器（试验用）	台班	1.0925		
	交流耐压仪　设备耐压用　35kV 及以下	台班	0.5463		
	交流耐压试验装置　电缆试验用　35kV	台班		3.7318	
	变压器直阻测试仪　10A	台班	0.2185		

续表

定 额 编 号			CLD 8-28	CLD 8-29	CLD 8-30
项 目			电缆主绝缘交流耐压试验		
			10kV	35kV	110kV
机具	交直流高压分压器 100kV	台班	0.5463		
	绝缘电阻测试仪 2500~10000V 2mA 以上	台班	0.5463		
	串联谐振耐压系统	台班			0.7751
	其他机具费	元	11.6500	500.7500	724.1900

定　额　编　号		CLD 8-31	CLD 8-32
项　　　　目		电缆主绝缘交流耐压试验	
		220kV	330kV
单　　　位		回路	回路
基　价（元）		**45650.05**	**66371.04**
其中	人　工　费（元）	4288.15	7273.63
	材　料　费（元）	4850.56	6578.20
	机　具　费（元）	36511.34	52519.21
名　　　称	单位	数　　　量	
人工 普通工	工日	1.1119	2.5237
安装技术工	工日	25.1021	42.1599
计价材料 铜芯聚氯乙烯绝缘电线　500VBV-120mm²	m	20.0399	15.4792
铜芯电缆　五芯 16mm²	m	20.0399	15.4792
绝缘胶带　25mm×50m	卷	13.3600	4.7908
绝缘支杆	支	9.5202	6.6641
绝缘穿杆	支	3.9849	2.7894
电抗器均压罩	只	0.6740	0.9582
电抗器绝缘支撑平台	只		0.4791
其他材料费	元	95.1100	128.9800

续表

定 额 编 号			CLD 8-31	CLD 8-32
项 目			电缆主绝缘交流耐压试验	
			220kV	330kV
机具	汽车式起重机 起重量 20t	台班		1.1482
	汽车式起重机 起重量 40t	台班	1.5320	1.5741
	载重汽车 50t	台班	3.0253	3.1482
	电力工程车	台班	0.7682	1.2349
	串联谐振耐压系统	台班	1.1523	1.7224
	其他机具费	元	1063.4400	1529.6900

8.5.2 电缆局放试验

工作内容：试验设备移运、单体调试，试验光纤敷设，试验设备连接组装、调试，实时数据采集录入，试验完毕设备拆除等。

定　额　编　号			CLD 8-33
项　　　　目			110kV 及以上电力电缆局放试验
单　　　　位			套/三相
基　　价（元）			**7702.59**
其中	人　工　费（元）		900.04
	材　料　费（元）		1911.55
	机　具　费（元）		4891.00
名　　　称		单位	数　　量
人工	安装技术工	工日	5.4219
计价材料	镀锌扁钢钩	个	0.4040
	密闭灯具防爆灯	套	7.0700
	绝缘胶带　25mm×50m	卷	2.0200
	保鲜膜	卷	2.0200
	乙醇	kg	2.0200

定 额 编 号			CLD 8-33
项 目			110kV 及以上电力电缆局放试验
计价材料	电源轴	个	1.0100
	军用光纤	m	799.3000
	其他材料费	元	37.4800
机具	电力工程车	台班	1.4751
	同步分布式局放测试仪　110kV（66kV）及以上	台班	0.5227
	其他机具费	元	142.4600

8.5.3 电缆参数测量

工作内容： 试验设备移运、检查、接线，测量电缆线路干扰，进行线路参数测量试验，波阻抗试验，试验完毕拆除设备以及连接线等。

定 额 编 号			CLD 8-34	
项 目			电缆参数测量	
单 位			回路	
基 价（元）			**1933.42**	
其中	人 工 费（元）		463.42	
	材 料 费（元）		551.13	
	机 具 费（元）		918.87	
	名 称	单位	数 量	
人工	安装技术工	工日	2.7917	
计价材料	铜芯聚氯乙烯绝缘电线 500VBV-2.5mm^2	m	21.2000	
	密闭灯具防爆灯	套	2.1200	
	绝缘挂杆	支	2.1200	
	绝缘梯	个	5.3000	
	其他材料费	元	10.8100	
机具	电力工程车	台班	0.5980	
	线路参数测试仪	台班	0.1196	
	其他机具费	元	26.7600	

第 9 章 接地及户外照明

说　明

一、本章内容
本章内容包括接地安装、户外照明安装及相应的单体调试。

二、未包括的工作内容
照明电缆敷设，发生时执行第 6 章相应定额。

三、工程量计算规则

1. 户外接地按照水平接地母线长度计算，包括主网接地母线、辅助地网接地母线等，以"100m"为计量单位。

2. 户内接地按照水平接地母线长度计算，包括电缆沟水平接地母线、等电位接地母线等，以"100m"为计量单位。

3. 热熔焊接以"处"为计量单位。

4. 阴极保护井以"口"为计量单位。

5. 接地模块以"个"为计量单位。

6. 降阻剂以"100kg"为计量单位。

7. 离子接地极以"套"为计量单位。

8. 深井接地埋设以"根"为计量单位。

9. 接地深井成井以"m"为计量单位。

10. 户外照明安装以"套"为计量单位，小型电源箱安装以"台"为计量单位。

四、其他说明

1. 户外接地安装含土方工程，土质、接地深度综合考虑，不作调整。

2. 户外接地综合了接地极、接地跨接线安装、连接线安装。

3. 户内接地综合了接地跨接线安装、母线附件安装。

4. 铜包钢、铅包铜接地参照铜接地定额执行。

5. 铜接地定额子目未包含热熔焊接工作内容，发生时另外执行热熔焊接定额子目。

6. 阴极保护井、接地极安装中钻井费用执行深井接地成井定额子目。

7. 接地深井成井定额综合考虑了各种井径和地质情况，执行时均不作调整。如采用斜井，执行接地深井成井定额子目乘以系数0.7。若单井深度超出50m的部分，执行接地深井成井定额子目乘以系数0.7。

8. 接地测量井执行阴极保护井定额子目乘以系数0.05。

9. 户外照明灯安装高度超过操作基准面6m时，执行户外照明灯（不带杆）定额人工费、机具费乘以系数1.70。

9.1 接 地 安 装

工作内容：接地母线敷设，接地极制作安装，连接线安装，绝缘子安装，接地土方工程，单体调试。

定 额 编 号		CLD 9-1	CLD 9-2	CLD 9-3	CLD 9-4
项 目		户外钢接地	户内钢接地	户外铜接地	户内铜接地
单 位		100m	100m	100m	100m
基 价（元）		**3339.54**	**1642.87**	**3936.78**	**2090.01**
其中	人 工 费（元）	2999.25	1317.35	3732.89	1901.46
	材 料 费（元）	244.00	244.00	126.69	126.69
	机 具 费（元）	96.29	81.52	77.20	61.86
名 称	单位	数 量			
人工 普通工	工日	11.7815	4.9115	9.6260	5.3790
安装技术工	工日	10.3317	4.7108	16.1666	7.9226
计价材料 电焊条 J507 综合	kg	5.9336	5.9336	1.2775	1.2775
磷铜焊条 综合	kg			0.4373	0.4373
焊锡	kg	0.0374	0.0374	0.0370	0.0370
铜焊粉	kg	0.0256	0.0256	0.1911	0.1911
松香	kg	0.0381	0.0381	0.0458	0.0458
镀锌六角螺栓 综合	kg	1.6719	1.6719	0.7186	0.7186
绝缘胶带 20mm×20m	卷	0.3755	0.3755	0.3957	0.3957
清洗剂	kg	0.3202	0.3202	2.1726	2.1726

续表

定 额 编 号			CLD 9-1	CLD 9-2	CLD 9-3	CLD 9-4
项 目			户外钢接地	户内钢接地	户外铜接地	户内铜接地
计价材料	氧气	m³	0.2561	0.2561	2.4809	2.4809
	乙炔气	m³	0.0983	0.0983	1.0633	1.0633
	氩气	m³	0.0244	0.0244	0.3062	0.3062
	防锈漆	kg	3.8970	3.8970		
	普通调和漆	kg	5.4713	5.4713	0.4458	0.4458
	沥青清漆	kg	3.9136	3.9136		
	钢锯条 各种规格	根	12.3470	12.3470	11.1175	11.1175
	砂布	张	1.4098	1.4098	8.4173	8.4173
	棉纱头	kg	0.9324	0.9324	0.8556	0.8556
	其他材料费	元	4.7800	4.7800	2.4800	2.4800
机具	汽车式起重机 起重量 5t	台班	0.0019	0.0019	0.0236	0.0236
	载重汽车 4t	台班	0.0412	0.0154		
	载重汽车 5t	台班	0.0140	0.0090	0.0893	0.0585
	联合冲剪机 板厚 16mm	台班	0.0003	0.0003	0.0003	0.0003
	交流弧焊机 容量 21kVA	台班	0.9759	0.9759	0.2102	0.2102
	其他机具费	元	2.8000	2.3700	2.2500	1.8000

注 未计价材料：接地母线、接地极、接地端子、绝缘子。

工作内容：铜母线热熔焊接，阴极保护井安装，降阻剂安装，接地模块安装，离子接地极安装，单体调试。

定 额 编 号			CLD 9-5	CLD 9-6	CLD 9-7	CLD 9-8	CLD 9-9
项 目			热熔焊接	阴极保护井	接地模块	降阻剂	离子接地极
单 位			处	口	个	100kg	套
基 价 （元）			**110.31**	**7740.66**	**264.16**	**165.39**	**692.01**
其中	人 工 费 （元）		24.51	6406.18	258.13	163.47	517.89
	材 料 费 （元）		85.80	902.61	3.06	1.92	124.67
	机 具 费 （元）			431.87	2.97		49.45
名 称		单位	数 量				
人工	普通工	工日	0.0324	25.4375	1.0321	0.6533	2.0708
	安装技术工	工日	0.1264	21.8885	0.8773	0.5558	1.7601
计价材料	石英砂	kg		0.8420			
	石油沥青 10 号	kg		0.7920			
	电焊条 J507 综合	kg		35.6400	0.2620		
	磷铜焊条 综合	kg					1.0450
	铜焊粉	kg					0.1250
	热缩管	m		0.2980			
	终端填充剂环氧树脂冷浇剂	kg		4.9500			
	无碱玻璃丝带	m²		6.3360			
	硬聚氯乙烯塑料管 DN65	m		1.4060			
	塑料带 20mm×40m	卷		0.6180			

续表

定 额 编 号			CLD 9-5	CLD 9-6	CLD 9-7	CLD 9-8	CLD 9-9
项 目			热熔焊接	阴极保护井	接地模块	降阻剂	离子接地极
计价材料	乙醇	kg		0.2220			
	清洗剂	kg		4.9500			
	热熔胶	kg		0.0400			
	氧气	m³		1.2080			4.3890
	乙炔气	m³		0.4220			1.8920
	石油液化气	m³	0.0425				
	沥青清漆	kg			0.1050		
	环氧沥青漆	kg		24.7500			
	环氧富锌漆	kg		4.8110			
	水	t				0.3000	0.0320
	防偏撑条	副		1.1000			
	砂轮切割片 φ400	片		0.4950			
	白布	m²		0.1980			
	无絮棉布	kg		0.0240			
	棉纱头	kg		2.3760	0.0530		0.0530
	尼龙绳 1 以下	kg		0.1980			
	热熔焊接模具	个	0.4000				
	熔粉	kg	0.2200				
	其他材料费	元	1.6800	17.7000	0.0600	0.0400	2.4400

320

续表

定 额 编 号			CLD 9-5	CLD 9-6	CLD 9-7	CLD 9-8	CLD 9-9
项 目			热熔焊接	阴极保护井	接地模块	降阻剂	离子接地极
机具	交流弧焊机 容量 21kVA	台班		5.8616	0.0426		
	绝缘电阻测试仪 2500~10000V 2mA 以上	台班		0.2760			
	轻便钻机 XJ-100	台班					0.2036
	其他机具费	元		12.5800	0.0900		1.4400

注 未计价材料：钢管、电缆、接地模块、降阻剂、石墨电极、离子接地极等。

工作内容：测量、下料、电极安装，电缆敷设，单体调试。

定 额 编 号		CLD 9-10
项 目		深井接地埋设
单 位		根
基 价 （元）		**651.29**
其中	人 工 费 （元）	565.78
	材 料 费 （元）	77.96
	机 具 费 （元）	7.55
名 称	单位	数 量
人工		
普通工	工日	2.2733
安装技术工	工日	1.9156
计价材料		
石油沥青 10 号	kg	0.4840
热缩管	m	0.1820
终端填充剂环氧树脂冷浇剂	kg	3.0250
无碱玻璃丝带	m²	3.8720
塑料带 20mm×40m	卷	0.0080
塑料带防辐照聚乙烯 20mm×40m	卷	0.3630
乙醇	kg	0.1290
热熔胶	kg	0.0240
白布	m²	0.1210
无絮棉布	kg	0.0080
棉纱头	kg	0.2420

续表

定 额 编 号			CLD 9-10
项 目			深井接地埋设
计价材料	尼龙绳 1 以下	kg	0.1210
	其他材料费	元	1.5300
机具	绝缘电阻测试仪 2500～10000V 2mA 以上	台班	0.0920
	其他机具费	元	0.2200

注 未计价材料：圆钢、管钢、角钢、铜棒。

工作内容：钻孔，成井，清理。

定　额　编　号		CLD 9-11
项　　　　　目		接地深井成井
单　　　　　位		m
基　　价（元）		**576. 63**
其中	人　工　费（元）	254. 39
	材　料　费（元）	36. 11
	机　具　费（元）	286. 13
名　　　　称	单位	数　　　　量
人工 普通工	工日	1. 1400
安装技术工	工日	0. 7839
计价材料 等边角钢　边长 63 以下	kg	0. 0120
镀锌钢管　DN100	kg	5. 4250
电焊条　J422　综合	kg	0. 2000
乙醇	kg	0. 2333
清洗剂	kg	0. 9636
氧气	m³	0. 0500
乙炔气	m³	0. 0167
棉纱头	kg	0. 0043
其他材料费	元	0. 7100
机具 冲击成孔机	台班	0. 3220
汽车式起重机　起重量　5t	台班	0. 0345

续表

定　额　编　号		CLD 9-11
项　　　　目		接地深井成井
机具	载重汽车　5t	台班	0.0345
	泥浆泵　出口直径　$\phi100$	台班	0.0897
	交流弧焊机　容量　21kVA	台班	0.0230
	电动空气压缩机　排气量　$6m^3/min$	台班	0.0449
	其他机具费	元	8.3300

注　未计价材料：砌筑深井的砂、石、水泥、混凝土。

9.2 户外照明安装

工作内容：灯杆组立，灯具及附件安装，接线、试亮；小型电源箱安装。

定 额 编 号			CLD 9-12	CLD 9-13	CLD 9-14
项 目			户外照明灯（带杆）	户外照明灯（不带杆）	小型电源箱
单 位			套	套	台
基 价（元）			**778.10**	**191.94**	**366.32**
其中	人 工 费（元）		291.20	79.25	231.96
	材 料 费（元）		124.71	62.36	28.01
	机 具 费（元）		362.19	50.33	106.35
名 称		单位		数 量	
人工	普通工	工日	1.7249	0.4050	0.3196
	安装技术工	工日	0.6216	0.2115	1.1875
计价材料	电焊条 J507 综合	kg	5.1020	2.5510	1.5223
	镀锌六角螺栓 综合	kg			1.0271
	膨胀螺栓 M8	套	1.1880	0.5940	
	镀锌半圆头螺栓 综合	套	54.3400	27.1700	
	镀锌沉头螺丝	kg	0.0840	0.0420	
	镀锌铁丝	kg	1.3960	0.6980	
	铜接线端子 10mm^2	个			2.2000
	塑料护口 32	个	6.7650	3.3825	

续表

定 额 编 号			CLD 9-12	CLD 9-13	CLD 9-14
项 目			户外照明灯（带杆）	户外照明灯（不带杆）	小型电源箱
计价材料	清洗剂	kg	0.0860	0.0430	0.0990
	防锈漆	kg	0.8376	0.4188	
	醇酸磁漆	kg	0.7320	0.3660	
	普通调和漆	kg	1.1158	0.5579	0.0990
	沥青清漆	kg	0.1980	0.0990	
	钢锯条　各种规格	根	0.0660	0.0330	1.0339
	砂轮切割片　φ400	片	0.0330	0.0165	
	砂布	张	0.7830	0.3915	1.7402
	其他材料费	元	2.4500	1.2200	0.5500
机具	汽车式起重机　起重量　5t	台班	0.2404	0.0361	0.0007
	汽车式起重机　起重量　12t	台班			0.0633
	载重汽车　5t	台班	0.2404	0.0361	0.0375
	载重汽车　8t	台班	0.0018	0.0002	
	联合冲剪机　板厚　16mm	台班			0.0155
	交流弧焊机　容量　21kVA	台班	0.8377	0.0682	0.2553
	砂轮切割机　直径　φ400	台班	0.0076	0.0012	
	其他机具费	元	10.5500	1.4700	3.1000

注　未计价材料：灯具、电杆、电线。

327

第 10 章　通信工程

说　明

一、本章内容

本章内容包括光纤传输设备安装调测、通信电缆及配线设备安装调测、交换设备安装调测、监控及安全防护设备安装调测、会议电视设备安装调测、数据网设备安装调测、通信业务割接、接入开通、通信线路敷设接续测试。

本章定额中考虑的工作内容，除各小节另有说明外，均包括设备单机调测，设备组网联调等工作。

二、未包括的工作内容

1. 通信电源设备、设备机柜安装，使用时执行本册第 5 章相应定额子目。

2. 业务接入的相关审批手续。

三、工程量计算规则

1. 数字线路段光端对测以"方向·系统"为计量单位，其中，"方向"用于描述相邻站点之间的关系，指某一个站点和相邻站之间的传输段关系，有几个相邻的站就有几个方向；"系统"指站点间形成的具体数量的物理通信链路，一收一发为 1 个系统。

2. 保护倒换测试以"环/系统"为计量单位，指光传输设备的自身保护倒换功能。

3. 配线架整架以"架"为计量单位，综合了各种类型的配线整架，使用时不做调整。

4. 配线架子架以"个"为计量单位，综合了各种类型的配线子架，使用时不做调整。

5. 布放射频同轴电缆以"100m"为计量单位，未包含同轴电缆头制作安装，如需现场制作，需额外套用射频同轴电缆头制作定额。

6. 布放电话线、以太网线以"100m"为计量单位，包含线缆头制作及试通。

7. 射频同轴电缆头制作以"个"为计量单位，同轴电缆1芯按2个同轴电缆头计算，厂家提供的射频同轴电缆如包含电缆头，射频同轴电缆头制作不得计算。

8. 视频监控管理终端包括视频存储、管理、录像等功能，以"台"为计量单位。

9. 电子围栏安装以"100m"为计量单位，按围墙长度计列，包含终端（中间）绝缘杆、绝缘子、围栏线安装。

10. 红外探测器以"套"为计量单位，一收一发为一套。

11. 电磁锁以"只"为计量单位，综合考虑了对应读卡器、键盘安装。

12. 门禁系统联调以"控制点"为计量单位，控制点是指电磁锁数量。

13. 会议电视系统调试以"台"为计量单位，按会议电视终端机数量计算。

14. 站内光缆接续以"头"为计量单位，指光缆接头的个数。

四、其他说明

1. 光纤传输设备。

（1）光电一体化设备、低速率业务接入设备子目包括网络管理系统相关调测。

（2）光纤同步数字（SDH）传输设备安装调测子目，包括网络管理系统相关调测、全电路电口调测。当设备为中继设备，无复用系统调测工作时，定额乘以系数0.8。

（3）光纤同步数字（SDH）传输设备安装调测子目，每套分插复用器（ADM）包括基本子架、公共单元盘、电口业务板及2块高阶光板；每套终端复用器（TM）包括基本子架、公共单元盘、电口业务板及1块高阶光板。当新上设备的光板数量超过子目基本配置时，超出部分应另套用接口单元盘（SDH）子目乘以系数0.4。

（4）接口单元盘（SDH）子目包括网络管理系统相关调测。在已有光端机上增加接口单元盘，除安装调测接口单元盘，套用相应的接口单元盘子目外，还需对已有光端机基本子架及公共单元盘进行调测，套用调测基本子架及公共单元盘子目1次，同一光端机扩容板卡第2块及以上，定额乘以系数0.4。

（5）光功率放大器包括相关的控制设备，适用于SDH设备加装光功率放大器，不论容量、内置或外置均执行此子目。

2. 配线架整架安装按成套基本配置取定，包括机柜安装。配线架子架子目，包括子框和端子板的安装。

3. 软交换设备安装调测、系统联调执行IMS设备相关定额子目，其中核心设备安装调测定额乘以系数0.6。

4. 摄像机子目综合考虑了型号、安装方式，使用时不作调整。

5. 传感器子目综合考虑各种类型的传感器（如温湿度、水浸、烟感），使用时不作调整。

6. 大屏子目包括大屏背装架的安装。大屏拼接器包括对相关大屏工作模块的调测及联调工作。

7. 会议电话终端机子目包括终端联网试验。

8. 其他网络安全设备子目，适用于入侵检测（IDS/IPS）、抗DDOS攻击设备、上网行为管理与流控设备、安全接入平台设备等。

9. 磁盘阵列12块以上，套用每增5块子目，不足5块按5块计列。

10. 通信业务小节适用于主站与业务端具体业务的割接、接入开通，不论中间经过多少转接均按一条业务计列。

11. 通信线路。

（1）人工敷设穿子管光缆子目，不包含子管敷设内容。

（2）站内光缆接续子目已含光缆接头盒或保护盒的安装及盘余缆。

（3）子管敷设子目已综合了各种规格、型号，使用时不作调整。

（4）揭盖盖板子目含一揭一盖，只揭或只盖定额乘以系数 0.6。

五、未计价材料

光缆、余缆架、保护管、钢管、同轴电缆、同轴电缆头、电话线、以太网线、跳线、软光纤等。

10.1　光纤传输设备

工作内容：1. 设备标识、安装接口盘、接地、固定光纤活接头、检查核对架内架间电缆、通电检查。

2. 交叉、公务、时钟、电源、群路、支路、光放盘等机盘测试，单机性能测试及全电路复用电口调测。

3. 网管系统调测、系统误码特性、系统抖动、系统光功率测试、运行试验。

定　额　编　号		CLD 10-1	CLD 10-2
项　　　　　目		光电一体化设备	低速率业务接入设备
单　　　　　位		套	套
基　　价（元）		**2059.86**	**885.90**
其中	人　工　费（元）	1562.14	604.32
	材　料　费（元）	32.37	32.37
	机　具　费（元）	465.35	249.21
名　　　　称	单位	数　　　　量	
人工	普通工	工日	0.2901	0.2901
	安装技术工	工日	9.2200	3.4500
计价材料	松香焊锡丝	kg	0.1000	0.1000
	镀锌六角螺栓　综合	kg	0.2830	0.2830
	铜芯绝缘导线　截面 6mm²	m	2.0000	2.0000
	铜接线端子　6mm² 以下	个	4.0000	4.0000
	标签色带　（12~36）mm×8m	卷	0.0380	0.0380

续表

定 额 编 号			CLD 10-1	CLD 10-2
项 目			光电一体化设备	低速率业务接入设备
计价材料	热塑管	m	1.0000	1.0000
	白蜡	kg	0.1000	0.1000
	乙醇	kg	0.5000	0.5000
	砂布	张	1.0000	1.0000
	其他材料费	元	0.6300	0.6300
机具	载重汽车 5t	台班	0.0500	0.0500
	数据分析仪（数据测试仪）	台班	1.0000	0.5000
	网络测试仪	台班	2.0000	0.5000
	PCM 通道测试仪	台班		0.5000
	功能检测分析平台（电脑）	台班	4.0000	1.5000
	其他机具费	元	13.5500	7.2600

定 额 编 号		CLD 10-3	CLD 10-4	CLD 10-5	CLD 10-6
项 目		分插复用器（ADM）			
		10Gbit/s	2.5Gbit/s	622Mbit/s	155Mbit/s
单 位		套	套	套	套
基 价（元）		**8980.27**	**8683.40**	**8359.64**	**7478.34**
其中	人 工 费（元）	6796.35	6602.13	6402.93	5891.65
	材 料 费（元）	35.66	35.66	35.66	35.66
	机 具 费（元）	2148.26	2045.61	1921.05	1551.03
名 称	单位	数 量			
人工 普通工	工日	1.1603	1.1603	1.1603	1.1603
安装技术工	工日	40.1800	39.0100	37.8100	34.7300
计价材料 松香焊锡丝	kg	0.1000	0.1000	0.1000	0.1000
镀锌六角螺栓 综合	kg	0.2830	0.2830	0.2830	0.2830
铜芯绝缘导线 截面6mm²	m	3.0000	3.0000	3.0000	3.0000
铜接线端子 6mm² 以下	个	4.0000	4.0000	4.0000	4.0000
标签色带 （12~36）mm×8m	卷	0.5000	0.5000	0.5000	0.5000
乙醇	kg	0.1000	0.1000	0.1000	0.1000
脱脂棉	卷	0.1000	0.1000	0.1000	0.1000
其他材料费	元	0.7000	0.7000	0.7000	0.7000
机具 载重汽车 5t	台班	0.1000	0.1000	0.1000	0.1000
可变光衰耗器	台班	0.8000	0.8000	0.6000	0.3600
光源	台班	0.8000	0.8000	0.6000	0.3600

定 额 编 号			CLD 10-3	CLD 10-4	CLD 10-5	CLD 10-6
项 目			分插复用器（ADM）			
			10Gbit/s	2.5Gbit/s	622Mbit/s	155Mbit/s
机具	光功率计	台班	0.8000	0.8000	0.6000	0.3600
	网络测试仪	台班	3.3500	3.3000	3.2500	3.2200
	SDH 综合测试仪	台班	0.9180	0.8670	0.8160	0.6100
	功能检测分析平台（电脑）	台班	5.6100	5.1000	4.7940	4.5900
	其他机具费	元	62.5700	59.5800	55.9500	45.1800

定 额 编 号		CLD 10-7	CLD 10-8	CLD 10-9	CLD 10-10
项 目		终端复用器（TM）			
		10Gbit/s	2.5Gbit/s	622Mbit/s	155Mbit/s
单 位		套	套	套	套
基 价（元）		**8114.23**	**7821.51**	**7522.15**	**6864.65**
其中	人 工 费（元）	6406.25	6213.69	6014.49	5611.11
	材 料 费（元）	35.66	35.66	35.66	35.66
	机 具 费（元）	1672.32	1572.16	1472.00	1217.88
名 称	单位	数 量			
人工	普通工	工日	1.1603	1.1603	1.1603	1.1603
	安装技术工	工日	37.8300	36.6700	35.4700	33.0400
计价材料	松香焊锡丝	kg	0.1000	0.1000	0.1000	0.1000
	镀锌六角螺栓 综合	kg	0.2830	0.2830	0.2830	0.2830
	铜芯绝缘导线 截面6mm²	m	3.0000	3.0000	3.0000	3.0000
	铜接线端子 6mm²以下	个	4.0000	4.0000	4.0000	4.0000
	标签色带 （12~36）mm×8m	卷	0.5000	0.5000	0.5000	0.5000
	乙醇	kg	0.1000	0.1000	0.1000	0.1000
	脱脂棉	卷	0.1000	0.1000	0.1000	0.1000
	其他材料费	元	0.7000	0.7000	0.7000	0.7000
机具	载重汽车 5t	台班	0.1000	0.1000	0.1000	0.1000
	可变光衰耗器	台班	0.6000	0.5000	0.4000	0.3150
	光源	台班	0.6000	0.5000	0.4000	0.3150

续表

定 额 编 号			CLD 10-7	CLD 10-8	CLD 10-9	CLD 10-10
项 目			终端复用器（TM）			
			10Gbit/s	2.5Gbit/s	622Mbit/s	155Mbit/s
机具	光功率计	台班	0.6000	0.5000	0.4000	0.3150
	网络测试仪	台班	3.2500	3.2000	3.1500	3.1200
	SDH 综合测试仪	台班	0.6630	0.6120	0.5610	0.4100
	功能检测分析平台（电脑）	台班	4.5900	4.5900	4.5900	4.5900
	其他机具费	元	48.7100	45.7900	42.8700	35.4700

定 额 编 号		CLD 10-11	CLD 10-12	CLD 10-13	CLD 10-14	CLD 10-15	CLD 10-16
项 目		调测基本子架及公共单元盘		接口单元盘（SDH）			
		2.5Gbit/s 以下	2.5Gbit/s 以上	10Gbit/s	2.5Gbit/s	622Mbit/s	155Mbit/s（光）
单 位		套	套	块	块	块	块
基 价（元）		760.79	1033.11	1349.33	1312.63	1287.52	1221.98
其中	人 工 费（元）	284.36	319.22	1119.01	1099.48	1089.72	1079.96
	材 料 费（元）	5.36	5.36	0.42	0.42	0.42	0.42
	机 具 费（元）	471.07	708.53	229.90	212.73	197.38	141.60
名 称	单位	数 量					
人工 普通工	工日	0.2901	0.2901				
安装技术工	工日	1.5225	1.7325	6.7410	6.6234	6.5646	6.5058
计价材料 标签色带 （12~36）mm×8m	卷	0.2500	0.2500	0.0100	0.0100	0.0100	0.0100
乙醇	kg	0.0500	0.0500	0.0200	0.0200	0.0200	0.0200
脱脂棉	卷	0.0500	0.0500	0.0200	0.0200	0.0200	0.0200
其他材料费	元	0.1100	0.1100	0.0100	0.0100	0.0100	0.0100

定 额 编 号			CLD 10-11	CLD 10-12	CLD 10-13	CLD 10-14	CLD 10-15	CLD 10-16
项 目			调测基本子架及公共单元盘		接口单元盘（SDH）			
			2.5Gbit/s 以下	2.5Gbit/s 以上	10Gbit/s	2.5Gbit/s	622Mbit/s	155Mbit/s （光）
机具	可变光衰耗器	台班	0.4400	0.6600	0.7000	0.7000	0.6000	0.5000
	光源	台班	0.4400	0.6600	0.5000	0.5000	0.4000	0.4000
	光功率计	台班	0.4400	0.6600	0.5000	0.5000	0.4000	0.4000
	网络测试仪	台班	0.0330	0.0550	0.0500	0.0400	0.0300	0.0200
	SDH 综合测试仪	台班	0.2346	0.3570	0.0612	0.0510	0.0510	0.0204
	功能检测分析平台（电脑）	台班	1.0200	1.3260	1.3260	1.3260	1.3260	1.3260
	其他机具费	元	13.7200	20.6400	6.7000	6.2000	5.7500	4.1200

定 额 编 号		CLD 10-17	CLD 10-18	CLD 10-19
项 目		接口单元盘（SDH）		
		155Mbit/s（电）	2Mbit/s	数据接口
单 位		块	块	块
基 价 （元）		**1124. 27**	**1073. 57**	**1065. 50**
其中	人 工 费 （元）	1040. 92	1021. 40	1021. 40
	材 料 费 （元）	0. 42	0. 42	0. 42
	机 具 费 （元）	82. 93	51. 75	43. 68
名 称	单位	数 量		
人工	安装技术工	工日	6. 2706	6. 1530	6. 1530
计价材料	标签色带 （12~36）mm×8m	卷	0. 0100	0. 0100	0. 0100
	乙醇	kg	0. 0200	0. 0200	0. 0200
	脱脂棉	卷	0. 0200	0. 0200	0. 0200
	其他材料费	元	0. 0100	0. 0100	0. 0100
机具	网络测试仪	台班	0. 0200		
	SDH 综合测试仪	台班	0. 0235	0. 0051	
	功能检测分析平台（电脑）	台班	1. 3260	1. 3260	1. 3260
	其他机具费	元	2. 4200	1. 5100	1. 2700

定 额 编 号		CLD 10-20	CLD 10-21	CLD 10-22
项 目		协议转换器	光功率放大器	光纤线路自动切换保护装置（OLP）
单 位		个	套	台
基 价（元）		**225.35**	**710.24**	**497.64**
其中	人 工 费（元）	214.74	448.20	262.76
	材 料 费（元）	10.61	10.61	37.26
	机 具 费（元）		251.43	197.62
名 称	单位	数 量		
人工 安装技术工	工日	1.2936	2.7000	1.5829
计价材料 铜芯绝缘导线 截面6mm²	m			2.4000
铜接线端子 6mm²以下	个			4.0000
标签色带 （12~36）mm×8m	卷	0.4940	0.4940	0.5000
热塑管	m			1.0000
白蜡	kg			0.1000
乙醇	kg	0.1000	0.1000	0.5000
砂布	张			1.0000
脱脂棉	卷	0.1000	0.1000	
其他材料费	元	0.2100	0.2100	0.7300

续表

定　额　编　号			CLD 10-20	CLD 10-21	CLD 10-22
项　　　目			协议转换器	光功率放大器	光纤线路自动切换保护装置（OLP）
机具	可变光衰耗器	台班		0.1000	0.5250
	光源	台班		0.5000	0.5000
	光功率计	台班		0.5000	0.5000
	光频谱分析仪	台班		0.9500	0.5000
	功能检测分析平台（电脑）	台班			0.5000
	其他机具费	元		7.3200	5.7600

343

定 额 编 号			CLD 10-23	CLD 10-24
项 目			数字线路段光端对测	保护倒换测试
单 位			方向·系统	环/系统
基 价（元）			**1080.31**	**1097.11**
其中	人 工 费（元）		292.82	292.82
	材 料 费（元）			
	机 具 费（元）		787.49	804.29
名 称		单位	数 量	
人工	安装技术工	工日	1.7640	1.7640
机具	可变光衰耗器	台班	0.4000	0.4000
	光源	台班	0.4000	0.4000
	光功率计	台班	0.4000	0.4000
	网络测试仪	台班	0.8000	0.8000
	SDH 综合测试仪	台班	0.3774	0.3774
	功能检测分析平台（电脑）	台班	1.5300	2.0400
	其他机具费	元	22.9400	23.4300

10.2 通信电缆及配线设备

工作内容：1. 配线架：划线定位、安装固定、箱内件组装、接地等。

2. 布放设备线缆：放线、分线、绑扎、剥隔离皮、做头、对线、焊（卡）线、整理、试通等。

定 额 编 号		CLD 10-25	CLD 10-26
项　　目		配线架	
		整架	子架
单　　位		架	个
基　价（元）		**501.01**	**33.90**
其中	人 工 费（元）	309.02	27.72
	材 料 费（元）	142.18	6.18
	机 具 费（元）	49.81	
名　称	单位	数　量	
人工	普通工	工日	1.0441	
	安装技术工	工日	1.1760	0.1670
计价材料	松香焊锡丝	kg	0.1000	
	镀锌六角螺栓　综合	kg	0.2830	
	不锈钢螺丝　M5×12	个		4.0000

定 额 编 号			CLD 10-25	CLD 10-26
项 目			配线架	
			整架	子架
计价材料	软铜绞线　35mm²	m	4.5000	
	铜芯绝缘导线　截面6mm²	m		0.5000
	铜接线端子　6mm²以下	个	4.0000	2.0000
	标签色带　（12~36）mm×8m	卷	0.0380	
	乙醇	kg	0.5000	0.0500
	脱脂棉	卷	0.5000	0.0500
	其他材料费	元	2.7900	0.1200
机具	载重汽车　5t	台班	0.1000	
	其他机具费	元	1.4500	

定 额 编 号		CLD 10-27	CLD 10-28	CLD 10-29	CLD 10-30	CLD 10-31	CLD 10-32
项　　　　目		布放射频同轴电缆	布放电话、以太网线	音频配线架布放跳线	数字分配架布放跳线	放绑软光纤	射频同轴电缆头制作
单　　　　位		100m	100m	100 回线	100 条	条	个
基　　价（元）		**218.36**	**184.84**	**153.33**	**404.55**	**27.40**	**23.04**
其中	人　工　费（元）	156.17	146.41	146.41	292.82	20.92	22.44
	材　料　费（元）	62.19	38.43	6.92	111.73	6.48	0.60
	机　具　费（元）						
名　　　　称	单位	数　　　量					
人工 安装技术工	工日	0.9408	0.8820	0.8820	1.7640	0.1260	0.1352
计价材料 松香焊锡丝	kg						0.0022
钢卡钉　2 号	盒		0.5000				
尼龙扎带　L=120mm	根		100.0000	10.0000	10.0000	5.0000	
尼龙扎带　L=200mm	根	50.0000		10.0000	10.0000		
电缆标识牌	个	5.0000					
标签色带　（12~36）mm×8m	卷	0.7500	0.7500		3.7500	0.0400	0.0200
网线连线水晶头	个		10.0000	5.0000			

定 额 编 号			CLD 10-27	CLD 10-28	CLD 10-29	CLD 10-30	CLD 10-31	CLD 10-32
项 目			布放射频同轴电缆	布放电话、以太网线	音频配线架布放跳线	数字分配架布放跳线	放绑软光纤	射频同轴电缆头制作
计价材料	自黏性橡胶带 25mm×20m	卷		0.1200				
	塑料软管 $\phi16$	m					2.0000	
	热塑管	m	5.0000					0.0150
	尼龙卡扣（100 支）	袋		0.1000		2.0000	0.1000	
	乙醇	kg						0.0050
	其他材料费	元	1.2200	0.7500	0.1400	2.1900	0.1300	0.0100

10.3 交 换 设 备

10.3.1 调度交换设备

工作内容：1. 划线定位、安装固定、插装机盘及电路板、接地、设备静态检查、通电、本机指标测试等。

2. 设备软、硬件平台性能指标测试、建立运行方式数据库、与电网调度系统连通测试、数据记录、填写调试报告。

定 额 编 号			CLD 10-33	CLD 10-34	CLD 10-35	CLD 10-36
项 目			调度程控交换机	调度台	扩装调度交换设备板卡	调度录音装置
单 位			架	台	块	套
基 价 （元）			**1186.75**	**377.55**	**153.34**	**517.14**
其中	人 工 费 （元）		551.27	197.54	146.41	483.06
	材 料 费 （元）		98.97	19.11	0.73	34.08
	机 具 费 （元）		536.51	160.90	6.20	
名 称		单位	数 量			
人工	普通工	工日	0.5801			
	安装技术工	工日	2.9400	1.1900	0.8820	2.9100
计价材料	镀锌六角螺栓 综合	kg	0.2830			0.2830
	软铜绞线 35mm²	m	3.0000			
	铜芯绝缘导线 截面6mm²	m		2.0000		5.0000
	铜接线端子 6mm²以下	个	4.0000	4.0000		2.0000

定　额　编　号			CLD 10-33	CLD 10-34	CLD 10-35	CLD 10-36
项　　　　　目			调度程控交换机	调度台	扩装调度交换设备板卡	调度录音装置
计价材料	标签色带　（12~36）mm×8m	卷	0.0760		0.0380	
	热塑管	m	0.6000	0.3000		0.8000
	乙醇	kg	0.5000	0.5000		
	其他材料费	元	1.9400	0.3700	0.0100	0.6700
机具	载重汽车　5t	台班	0.1000			
	信令测试分析仪	台班			0.0100	
	语音质量测试仪	台班	0.1000	0.0380		
	用户、中继模拟呼叫测试仪	台班	0.1000	0.0380		
	功能检测分析平台（电脑）	台班	2.0000	0.0300	0.0300	
	线路分析仪	台班			0.0300	
	其他机具费	元	15.6300	4.6900	0.1800	

定 额 编 号			CLD 10-37
项 目			调度程控交换机系统联调
单 位			系统
基 价 （元）			**2153.81**
其中	人 工 费 （元）		976.08
	材 料 费 （元）		2.37
	机 具 费 （元）		1175.36
名 称		单位	数 量
人工	安装技术工	工日	5.8800
计价材料	乙醇	kg	0.5000
	其他材料费	元	0.0500
机具	语音质量测试仪	台班	0.2500
	用户、中继模拟呼叫测试仪	台班	0.2500
	功能检测分析平台（电脑）	台班	1.0000
	数字万用表（数字式）	台班	5.0000
	其他机具费	元	34.2300

10.3.2 IMS设备

工作内容：划线定位、安装固定、安装机板卡、接地、设备静态检查、通电、本机指标测试等。

定 额 编 号			CLD 10-38	CLD 10-39	CLD 10-40	CLD 10-41	CLD 10-42	CLD 10-43
项 目			核心设备	应用服务器	网关设备	AG接入网关	IAD接入设备	IP话务台设备
单 位			台	台	台	台	台	台
基 价（元）			**1732.65**	**872.39**	**729.63**	**850.56**	**550.35**	**424.37**
其中	人 工 费（元）		1536.55	776.96	634.20	722.18	454.92	327.10
	材 料 费（元）		22.35	20.51	20.51	20.51	20.51	22.35
	机 具 费（元）		173.75	74.92	74.92	107.87	74.92	74.92
名 称		单位			数 量			
人工	普通工	工日	1.3650	0.2901	0.2901	0.2901	0.2901	0.2901
	安装技术工	工日	8.3600	4.4900	3.6300	4.1600	2.5500	1.7800
计价材料	松香焊锡丝	kg	0.0500					0.0500
	铜芯绝缘导线 截面6mm²	m	3.0000	3.0000	3.0000	3.0000	3.0000	3.0000
	铜接线端子 6mm²以下	个	4.0000	4.0000	4.0000	4.0000	4.0000	4.0000
	乙醇	kg	0.3000	0.3000	0.3000	0.3000	0.3000	0.3000
	其他材料费	元	0.4400	0.4000	0.4000	0.4000	0.4000	0.4400

定 额 编 号			CLD 10-38	CLD 10-39	CLD 10-40	CLD 10-41	CLD 10-42	CLD 10-43
项 目			核心设备	应用服务器	网关设备	AG 接入网关	IAD 接入设备	IP 话务台设备
机具	功能检测分析平台（电脑）	台班	5.0000	2.0000	2.0000	3.0000	2.0000	2.0000
	数字万用表（数字式）	台班	0.5000	0.5000	0.5000	0.5000	0.5000	0.5000
	其他机具费	元	5.0600	2.1800	2.1800	3.1400	2.1800	2.1800

10.4 监控及安全防护设备

10.4.1 监控采集设备

工作内容：设备组装、检查基础、安装设备、接线、标记、通电检查、单机性能测试、试运行等。

定额编号			CLD 10-44	CLD 10-45	CLD 10-46	CLD 10-47
项目			摄像机	视频监控管理终端	视频监控设备系统联调	传感器
单位			台	台	系统	只
基　价（元）			**174.07**	**838.16**	**3712.75**	**32.20**
其中	人工费（元）		110.25	488.04	1561.73	19.52
	材料费（元）		15.34	12.89		12.68
	机具费（元）		48.48	337.23	2151.02	
名称		单位	数量			
人工	普通工	工日	0.1160			
	安装技术工	工日	0.5880	2.9400	9.4080	0.1176
计价材料	镀锌六角螺栓　综合	kg	0.1000	0.2830		0.1000
	管卡带膨胀螺栓	套				4.0000
	标签色带　（12~36）mm×8m	卷	0.7000	0.5000		0.1000
	乙醇	kg	0.1000	0.1000		

续表

定额编号			CLD 10-44	CLD 10-45	CLD 10-46	CLD 10-47
项目			摄像机	视频监控管理终端	视频监控设备系统联调	传感器
计价材料	棉纱头	kg				0.0100
	脱脂棉	卷	0.1000	0.1000		
	其他材料费	元	0.3000	0.2500		0.2500
机具	载重汽车 5t	台班		0.1080		
	变电站视频及环境监控测试分析系统	台班			1.2000	
	图像质量分析仪	台班			1.0000	
	专用显示器	台班	0.5500	2.2000	2.2000	
	电视测试信号发生器	台班		3.3000	1.1000	
	数字万用表（数字式）	台班	0.4320		5.4000	
	其他机具费	元	1.4100	9.8200	62.6500	

10.4.2 大屏显示设备

工作内容：设备初验、定位安装、通电检查、单机性能测试、系统调测、试运行。

定 额 编 号			CLD 10-48	CLD 10-49
项 目			大屏	大屏拼接器
单 位			m^2	套
基 价 （元）			**502.19**	**439.62**
其中	人 工 费 （元）		347.10	323.70
	材 料 费 （元）		1.12	33.17
	机 具 费 （元）		153.97	82.75
名 称		单位	数 量	
人工	普通工	工日	0.9000	
	安装技术工	工日	1.5000	1.9500
计价材料	铜芯绝缘导线 截面 6mm^2	m		4.0000
	铜接线端子 6mm^2 以下	个		3.0000
	标签色带 （12~36）mm×8m	卷		0.5000
	乙醇	kg	0.1000	0.1000
	脱脂棉	卷	0.1000	0.1000
	其他材料费	元	0.0200	0.6500

定　额　编　号			CLD 10-48	CLD 10-49
项　　　　目			大屏	大屏拼接器
机具	载重汽车　5t	台班	0.1000	0.1000
	图像质量分析仪	台班	0.1000	
	电视测试信号发生器	台班	0.1000	
	功能检测分析平台（电脑）	台班	0.5000	1.0000
	其他机具费	元	4.4800	2.4100

10.4.3 电子围栏

工作内容： 1. 敷设电缆保护管和电源线，安装绝缘杆、绝缘子、围栏线、报警装置、警告牌、红外探测器、主机，接地极安装及测试等。

2. 通电检查、系统联合调试。

	定　额　编　号		CLD 10-50	CLD 10-51	CLD 10-52	CLD 10-53	CLD 10-54
	项　　　　　目		主控制设备	电子围栏安装	警号装置	红外探测器	入侵报警系统调试
	单　　　　　位		套	100m	只	套	系统
	基　　价（元）		**729.38**	**3979.99**	**57.59**	**101.40**	**1441.97**
其中	人　工　费（元）		440.69	3425.03	53.28	97.29	1220.10
	材　料　费（元）		172.99	376.41	4.31	4.11	
	机　具　费（元）		115.70	178.55			221.87
	名　　　称	单位			数　　量		
人工	普通工	工日	0.5250	8.3475	0.1050	0.1890	
	安装技术工	工日	2.3100	15.1515	0.2520	0.4620	7.3500
计价材料	松香焊锡丝	kg			0.0300	0.0300	
	焊锡膏	kg			0.0300	0.0300	
	普通六角螺栓	kg	0.1300				
	精制六角带帽螺栓　M8×100 以下	套	4.0000				
	膨胀螺栓　M8	套	4.0000	100.0000			
	镀锌铁丝	kg		20.0000			
	软铜绞线　95mm^2	m	2.7500				

续表

定 额 编 号			CLD 10-50	CLD 10-51	CLD 10-52	CLD 10-53	CLD 10-54
项 目			主控制设备	电子围栏安装	警号装置	红外探测器	入侵报警系统调试
计价材料	尼龙扎带 $L=120mm$	根	20.0000				
	自黏性橡胶带 25mm×20m	卷	1.0000	1.0000	0.3000	0.3000	
	塑料软管 $\phi5$	m	4.0000		0.3000	0.0500	
	汽油	kg		3.0000			
	冲击钻头 $\phi8$	支	1.0000	25.0000			
	砂布	张			0.1000		
	白布	m²	0.3600		0.0900	0.1000	
	其他材料费	元	3.3900	7.3800	0.0800	0.0800	
机具	载重汽车 5t	台班	0.2000				
	专用显示器	台班					3.0000
	冲击钻	台班	0.2000	2.5000			
	数字万用表（数字式）	台班	0.1000				
	其他机具费	元	3.3700	5.2000			6.4600

10.4.4 门禁系统

工作内容：设备初验、安装设备、通电检查、单机性能测试、系统联调等。

定 额 编 号			CLD 10-55	CLD 10-56	CLD 10-57
项 目			电磁锁	门禁控制器	门禁系统联调
单 位			只	台	控制点
基 价（元）			**380.01**	**377.70**	**80.08**
其中	人 工 费（元）		361.15	362.54	68.33
	材 料 费（元）		6.21	2.51	
	机 具 费（元）		12.65	12.65	11.75
名 称		单位	数 量		
人工	安装技术工	工日	2.1756	2.1840	0.4116
计价材料	膨胀螺栓 M6	套	12.0000	4.0000	
	乙醇	kg		0.0250	
	脱脂棉	卷		0.0500	
	其他材料费	元	0.1200	0.0500	
机具	数字万用表（数字式）	台班	0.7000	0.7000	0.6500
	其他机具费	元	0.3700	0.3700	0.3400

10.4.5 动力环境监控系统

工作内容：1. 设备组装、接地、通电、调测、试运行。

2. 通道测试、设备联调、数据记录、填写调试报告。

定 额 编 号			CLD 10-58	CLD 10-59	CLD 10-60
项 目			动力监控主机	动力监控本地联调	动力监控远端接入联调
单 位			台	站	系统
基 价 (元)			**1124.09**	**2593.45**	**1210.31**
其中	人 工 费 (元)		1030.86	1568.70	976.08
	材 料 费 (元)		27.34		
	机 具 费 (元)		65.89	1024.75	234.23
名 称		单位	数 量		
人工	安装技术工	工日	6.2100	9.4500	5.8800
计价材料	镀锌六角螺栓 综合	kg	0.2830		
	铜芯绝缘导线 截面6mm²	m	2.0000		
	铜接线端子 6mm² 以下	个	4.0000		
	标签色带 (12~36) mm×8m	卷	0.5000		
	乙醇	kg	0.1000		
	脱脂棉	卷	0.1000		
	其他材料费	元	0.5400		
机具	变电站视频及环境监控测试分析系统	台班		1.1000	0.2000
	功能检测分析平台（电脑）	台班	2.0000	3.0000	2.0000
	其他机具费	元	1.9200	29.8500	6.8200

10.5 会议电视设备

工作内容：1. 设备组装、接地、装配调测机盘及附件、通电检查、单机性能测试、终端联网试验等。
2. 本机联网后软件与硬件调试及功能检查、业务功能检测、指标检查、稳定性测试、数据记录、填写调试报告。

定 额 编 号			CLD 10-61	CLD 10-62	CLD 10-63	CLD 10-64
项 目			会议电视终端机	多点控制器（MCU）	编解码器	会议电视系统调试
单 位			台	台	台	台
基 价 （元）			**1237.41**	**572.88**	**178.12**	**1203.40**
其中	人 工 费 （元）		836.64	468.12	146.41	784.35
	材 料 费 （元）		10.73	13.51	5.36	0.32
	机 具 费 （元）		390.04	91.25	26.35	418.73
名 称		单位	数 量			
人工	安装技术工	工日	5.0400	2.8200	0.8820	4.7250
计价材料	铜芯绝缘导线 截面6mm²	m		1.2000		
	铜接线端子 6mm² 以下	个		2.0000		
	标签色带 （12~36）mm×8m	卷	0.5000	0.2500	0.2500	
	乙醇	kg	0.1000	0.0500	0.0500	
	棉纱头	kg		0.0500	0.0500	
	脱脂棉	卷	0.1000			0.0500

定 额 编 号			CLD 10-61	CLD 10-62	CLD 10-63	CLD 10-64
项 目			会议电视终端机	多点控制器 （MCU）	编解码器	会议电视系统调试
计价材料	其他材料费	元	0.2100	0.2600	0.1100	0.0100
机具	载重汽车 5t	台班	0.1000	0.1000		
	图像质量分析仪	台班	0.1500			0.2000
	数据分析仪（数据测试仪）	台班	0.9000			0.8000
	网络测试仪	台班	0.5500	0.4000		1.0000
	功能检测分析平台（电脑）	台班	2.0000		0.8000	2.0000
	其他机具费	元	11.3600	2.6600	0.7700	12.2000

10.6 数据网设备

10.6.1 路由器、交换机、服务器设备

工作内容: 定位安装机柜、机箱,接地,装配接口板,接口检查,接口正确性测试,硬件加电自检、硬件系统调试、综合调测等。

定 额 编 号		CLD 10-65	CLD 10-66	CLD 10-67	CLD 10-68
项 目		路由器	交换机	服务器	工作站
单 位		台	台	台	台
基 价 (元)		**2390.56**	**788.64**	**979.35**	**588.79**
其中	人 工 费 (元)	1601.90	556.10	624.69	522.90
	材 料 费 (元)	39.10	29.64	31.98	
	机 具 费 (元)	749.56	202.90	322.68	65.89
名 称	单位	数 量			
人工 安装技术工	工日	9.6500	3.3500	3.7632	3.1500
计价材料 镀锌六角螺栓 综合	kg		0.2800	0.2830	
铜芯绝缘导线 截面6mm²	m	5.0000	2.5000	3.0000	
铜接线端子 6mm² 以下	个	4.0000	4.0000	4.0000	
标签色带 (12~36) mm×8m	卷	0.5000	0.5000	0.5000	
乙醇	kg	0.1000	0.1000	0.1000	
脱脂棉	卷	0.1000	0.1000	0.1000	
其他材料费	元	0.7700	0.5800	0.6300	

定　额　编　号			CLD 10-65	CLD 10-66	CLD 10-67	CLD 10-68
项　　　目			路由器	交换机	服务器	工作站
机具	载重汽车　5t	台班	0.1000	0.0500	0.1000	
	服务器管理测试系统	台班			0.2000	
	网络测试仪	台班	5.8000	1.4000		
	功能检测分析平台（电脑）	台班	3.0000	1.0000	2.0000	2.0000
	其他机具费	元	21.8300	5.9100	9.4000	1.9200

10.6.2 网络安全设备

工作内容：1. 定位安装、接地、互连、加电检查等。

2. 硬件系统调试、安全保护联调等。

	定 额 编 号		CLD 10-69	CLD 10-70	CLD 10-71	CLD 10-72
	项 目		防火墙设备	隔离装置	公共安全接入设备	其他网络安全设备
	单 位		台	台	台	台
	基 价（元）		**1612.42**	**996.68**	**1327.37**	**476.89**
其中	人 工 费（元）		951.18	557.76	836.64	146.41
	材 料 费（元）		29.82	11.87	11.87	10.73
	机 具 费（元）		631.42	427.05	478.86	319.75
	名 称	单位	数 量			
人工	安装技术工	工日	5.7300	3.3600	5.0400	0.8820
计价材料	铜芯绝缘导线 截面6mm²	m	3.0000	2.0000	2.0000	
	铜接线端子 6mm² 以下	个	4.0000	2.0000	2.0000	
	标签色带 （12~36）mm×8m	卷	0.5000			0.5000
	乙醇	kg	0.1000			0.1000
	脱脂棉	卷	0.1000			0.1000
	其他材料费	元	0.5800	0.2300	0.2300	0.2100

定　额　编　号			CLD 10-69	CLD 10-70	CLD 10-71	CLD 10-72
项　　　　　目			防火墙设备	隔离装置	公共安全接入设备	其他网络安全设备
机具	载重汽车　5t	台班	0.1000			
	网络设备安全防护测试仪	台班	0.5000	0.5000	0.5000	0.2700
	网络攻击测试套件　Threatex　2700	台班	0.6000			0.3000
	网络测试仪	台班			0.5000	
	功能检测分析平台（电脑）	台班	1.2000	1.0000	1.0000	1.0000
	其他机具费	元	18.3900	12.4400	13.9500	9.3100

10.6.3 数据储存设备

工作内容: 定位安装、接地、互连、接口检查、加电自检、联机调试等。

定 额 编 号			CLD 10-73	CLD 10-74	CLD 10-75
项 目			硬盘驱动器	磁盘阵列	
				12块以下	每增5块
单 位			台	台	台
基 价(元)			**197.98**	**485.48**	**191.27**
其中	人 工 费(元)		167.66	195.22	58.56
	材 料 费(元)		27.03	10.73	4.97
	机 具 费(元)		3.29	279.53	127.74
名 称		单位	数 量		
人工	安装技术工	工日	1.0100	1.1760	0.3528
计价材料	铜芯绝缘导线 截面6mm²	m	2.4000		
	铜接线端子 6mm² 以下	个	4.0000		
	标签色带 (12~36)mm×8m	卷	0.5000	0.5000	0.2000
	乙醇	kg	0.1000	0.1000	0.1000
	脱脂棉	卷	0.1000	0.1000	0.1000
	其他材料费	元	0.5300	0.2100	0.1000
机具	磁盘管理测试系统	台班		1.0000	0.5800
	功能检测分析平台(电脑)	台班	0.1000	1.8000	
	其他机具费	元	0.1000	8.1400	3.7200

10.7 通信业务

工作内容：业务开通前准备工作、相关设备的线缆连接；网管配置、用户数据配置、功能调试；整理、填写调试报告。

定 额 编 号			CLD 10-76	CLD 10-77
项 目			光口业务	电口业务
单 位			条	条
基 价（元）			**598.07**	**414.82**
其中	人 工 费（元）		488.04	292.82
	材 料 费（元）		31.83	19.19
	机 具 费（元）		78.20	102.81
名 称		单位	数 量	
人工	安装技术工	工日	2.9400	1.7640
计价材料	警示牌	个	10.0000	6.0000
	标签色带 （12~36）mm×8m	卷	0.2000	0.1000
	乙醇	kg	0.1000	0.0500
	脱脂棉	卷	0.2000	0.2000
	其他材料费	元	0.6200	0.3800

定 额 编 号			CLD 10-76	CLD 10-77
项 目			光口业务	电口业务
机具	光功率计	台班	1.2000	
	数据分析仪（数据测试仪）	台班		0.4000
	PCM 通道测试仪	台班		0.4300
	功能检测分析平台（电脑）	台班	1.0000	
	其他机具费	元	2.2800	2.9900

10.8 通信线路

工作内容： 1. 敷设管道光缆：路径测量、检查光缆、配盘确认、穿放引线、敷设光缆、加保护垫、绑扎固定、做标识、清理管道余物等。

2. 室内光缆：检查光缆、安装托板、穿放引线、布放光缆、复测光缆、套保护管、绑扎固定、做标识等。

3. 光缆接续：放、收、固定光缆，检验器材、确定接头位置、纤芯熔接、盘绕固定余纤、复测衰减、安装接头盒或保护盒等。

4. 光缆单盘测试：测量准备、开缆盘、清洗光纤、切缆、测量、记录数据、封缆头等。

5. 站内光缆测试：光缆全程试通测试，记录、整理测试资料等。

6. 揭盖盖板：盖板揭起、堆放、盖板覆盖、调整。

	定 额 编 号	CLD 10-78	CLD 10-79	CLD 10-80	CLD 10-81	CLD 10-82	CLD 10-83	CLD 10-84	CLD 10-85
	项　　　　目	人工敷设穿子管光缆	人工敷设光缆	室内光缆	光缆单盘测试	站内光缆接续	站内光缆测试	子管敷设	揭盖盖板
	单　　位	km	km	100m	盘	头	用户段	km	100m
	基　　价（元）	**3612.65**	**3158.97**	**229.76**	**1259.25**	**658.66**	**248.78**	**2301.32**	**455.28**
其中	人　工　费（元）	3267.76	2814.08	160.84	296.31	339.89	200.45	2068.29	455.28
	材　料　费（元）	131.41	131.41	19.11	151.97	88.74	6.84	233.03	
	机　具　费（元）	213.48	213.48	49.81	810.97	230.03	41.49		

续表

定 额 编 号			CLD 10-78	CLD 10-79	CLD 10-80	CLD 10-81	CLD 10-82	CLD 10-83	CLD 10-84	CLD 10-85
项 目			人工敷设穿子管光缆	人工敷设光缆	室内光缆	光缆单盘测试	站内光缆接续	站内光缆测试	子管敷设	揭盖盖板
名 称		单位	数 量							
人工	普通工	工日	5.8013	5.2211	0.5801				10.5000	4.1769
	安装技术工	工日	15.8760	13.5240	0.5880	1.7850	2.0475	1.2075	5.5650	
计价材料	塑料管卡子 DN32	个							100.0000	
	膨胀螺栓 M8	套							20.0000	
	镀锌铁丝	kg	13.5000	13.5000					2.5000	
	热缩管	m					26.0000			
	光纤测量用匹配油	瓶				0.2000				
	光纤用除油剂	瓶				0.2600	0.2400			
	光纤用切管刀片	片				0.6000	0.1450			
	电缆标识牌	个	30.0000	30.0000	10.0000		1.0000			
	自黏性橡胶带 25mm×20m	卷			1.0000	1.5000	1.0000			
	塑料膨胀管 φ6	只							100.0000	
	黄蜡	kg	0.5000	0.5000						
	乙醇	kg	3.0000	3.0000	1.0000	0.3000	0.0300	0.2200		
	粘结剂 通用	kg							5.0000	

续表

定额编号			CLD 10-78	CLD 10-79	CLD 10-80	CLD 10-81	CLD 10-82	CLD 10-83	CLD 10-84	CLD 10-85
项目			人工敷设穿子管光缆	人工敷设光缆	室内光缆	光缆单盘测试	站内光缆接续	站内光缆测试	子管敷设	揭盖盖板
计价材料	冲击钻头 φ8	支							5.0000	
	钢锯条 各种规格	根							10.0000	
	无纺布	m²				1.4000	0.5000	1.4000		
	绸布	m²				0.8600				
	棉纱头	kg	3.0000	3.0000	0.3000					
	压缩空气标准瓶装	瓶				0.7000	0.5000			
	其他材料费	元	2.5800	2.5800	0.3700	2.9800	1.7400	0.1300	4.5700	
机具	汽车式起重机 起重量 5t	台班	0.1500	0.1500						
	载重汽车 5t	台班	0.2000	0.2000	0.1000	0.7000				
	汽油发电机组 10kW	台班				0.7000				
	光功率计	台班					1.0000	1.1000		
	光纤熔接仪	台班					0.8000			
	光时域反射仪	台班				0.8500				
	其他机具费	元	6.2200	6.2200	1.4500	23.6200	6.7000	1.2100		